江苏省 纺织类
经典非物质文化遗产

尹艳冰　朱春红／主编

中国纺织出版社有限公司

内 容 提 要

　　纺织类非物质文化遗产作为中国传统文化的精髓，不仅是技艺的传承，还是所承载的文化内涵的延续。本书选取了江苏省具有代表性的七个纺织类非遗项目：扬州刺绣、苏州缂丝织造技艺、苏绣（仿真绣）、徐州香包、常州乱针绣、如皋丝毯织造技艺、四经绞罗织造技艺，从起源与发展、风俗趣事、制作材料与工具、制作工艺与技法、工艺特征、作品赏析、传承人专访、传承现状与对策等方面进行了介绍。

　　本书可供纺织服装专业、经管类专业以及艺术类专业学生学习使用，也可为纺织类非物质文化遗产保护领域的实践工作者和理论研究人员提供参考。

图书在版编目（CIP）数据

江苏省纺织类经典非物质文化遗产 / 尹艳冰，朱春红主编 ． -- 北京 ： 中国纺织出版社有限公司，2025.8.
ISBN 978-7-5229-2708-4

Ⅰ．TS1

中国国家版本馆 CIP 数据核字第 2025LH5312号

JIANGSU SHENG FANGZHILEI JINGDIAN
FEIWUZHIWENHUAYICHAN

责任编辑：朱利锋　　责任校对：高　涵　　责任印制：王艳丽

中国纺织出版社有限公司出版发行
地址：北京市朝阳区百子湾东里A407号楼　邮政编码：100124
销售电话：010 — 67004422　传真：010 — 87155801
http://www.c-textilep.com
中国纺织出版社天猫旗舰店
官方微博 http://weibo.com/2119887771
北京华联印刷有限公司印刷　各地新华书店经销
2025年8月第1版第1次印刷
开本：787×1092　1/16　印张：9.5
字数：182千字　定价：128.00元

前言

纺织类非物质文化遗产（简称纺织类非遗）作为中国传统文化的精髓，不仅是技艺的传承，还是所承载的文化内涵的延续，其传承和发展对于深入挖掘中华优秀传统文化，培养民族自信，提升纺织产业历史、文化、社会、经济等价值具有重要意义。

天津工业大学现代纺织产业创新研究中心以纺织类非遗的研究以及知识普及为使命，积累了大量的文字、图片、视频等资料，已先后出版京津冀区域、河南省、山东省、陕西省、山西省、东北三省等纺织类非遗系列书籍。

本书选取了江苏省具有代表性的七个纺织类非遗项目，通过与传承人面对面地沟通与交流，取得了第一手资料，深入细致地对每一个代表性项目的起源与发展、风俗趣事、制作材料与工具、制作工艺与技法、工艺特征、作品赏析、传承人专访、传承现状与对策等方面进行了介绍，为读者系统、全面地了解江苏省的纺织类非遗概况提供了资料。

本书是全国教育科学"十四五"规划教育部重点课题《双协同视域下京津冀高校非物质文化遗产教育传承模式构建与实践研究》（DLA210373）的阶段性成果。

在本书写作过程中，我们阅读、参考了国内外学者、传承人等撰写的有关资料，文中多数图片及其他资料来自我们的实地拍摄、调研，也有部分资料来自非物质文化遗产网、百度百科等网络资源，还有部分图片来自当地博物馆。在此，我们对所采访的传承人，对所阅读、参考的有关资料的作者表示诚挚的感谢。

承担本书写作的有尹艳冰、朱春红、郑玉姣、王莹、李思媛、贾小双等，全书由尹艳冰、朱春红统稿并定稿。

由于纺织类非物质文化遗产保护的领域正在不断拓展，有些内容没有完全囊括在书中，加上编者水平有限，书中难免存在不尽完善之处，敬请广大同行和读者不吝赐教，以便今后修正和补充。

编者

2024 年 10 月

江苏省纺织类经典非物质文化遗产

目 录

江 苏 省 纺 织 类 经 典 非 物 质 文 化 遗 产

第一章

扬州刺绣

扬州刺绣是中国传统的刺绣工艺之一，起源于扬州市，是中国苏绣的一个重要流派，发展至今已有数千年的历史。扬州刺绣受扬州历代文化的影响和扬州八怪画派的熏陶，追随中国画的文化内涵和笔墨情趣，逐渐形成了"仿古山水绣"和"水墨写意绣"两大特色。扬州刺绣以丝线为主要材料，通过不同的刺绣技法和图案设计，绣制出各种精美的刺绣作品，以其精细和独特的设计风格闻名。图案主题丰富多样，包括花鸟、人物、山水等各种自然景观和文化元素，形式多样，色彩鲜艳，富有浓厚的艺术氛围。扬州刺绣的创新和发展对于传承历史文化、体现地方特色、丰富文化内涵及促进文化交流等多个方面具有重要意义。

2008 年 11 月，吴晓平被认定为江苏省非物质文化遗产"扬州刺绣"代表性传承人（图 1-1）。2009 年 6 月，吴晓平被认定为市级非物质文化遗产项目"扬州刺绣"代表性传承人（图 1-2）。2014 年 11 月，扬州刺绣入选第四批国家级非物质文化遗产代表性项目名录（表 1-1、图 1-3）。2017 年 12 月 28 日，吴晓平被认定为第五批国家级非物质文化遗产代表性项目代表性传承人（图 1-4）。2022 年 5 月，在 2021 年度江苏省国家级非遗代表性传承人传承评估活动中，以 84.67 的专家评分获合格等级，并予以公示。

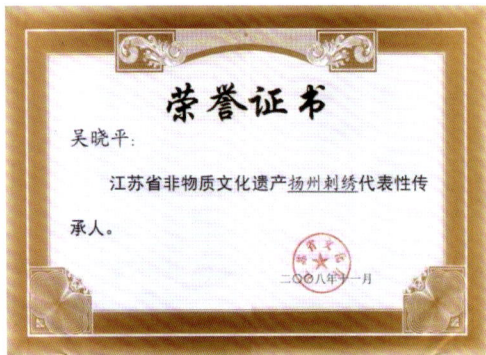

图 1-1　省级代表性传承人证书

图 1-2　市级代表性传承人证书

表 1-1　项目简介

名录名称	扬州刺绣
名录类别	传统美术
名录级别	国家级
申报单位或地区	江苏省扬州市
代表性传承人	吴晓平

图1-3 国家级非遗代表性项目证书　　图1-4 国家级代表性传承人证书

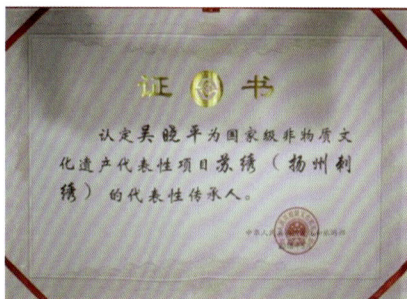

第一节　起源与发展

一、扬州刺绣的起源

扬州刺绣源于汉代，兴于唐宋，盛于明清。在每个阶段，扬州刺绣经历了不同的变革和发展，形成了独特的风格和技艺。

汉代是扬州刺绣的起源阶段。据考古学家的研究，汉代墓葬中出土的刺绣品可以追溯到2000多年前。这些刺绣作品多以动植物、人物等为主，采用丝线、金银线等材料进行刺绣。汉代的扬州刺绣技艺还较为简单，主要以平绣和顶绣为主，表现出生动的线条和细腻的纹理。

唐宋时期是扬州刺绣的发展阶段。在唐代，扬州刺绣逐渐发展成为一种重要的手工艺品，被广泛应用于宫廷和贵族的服饰、家具等方面。唐代的扬州刺绣技艺开始注重色彩的运用和纹样的创新，出现了多种不同的刺绣风格。文人墨客寄情绘画，扬州刺绣逐渐形成了画师供稿、艺人绣制，画绣结合的新趋势。与此同时，绣制技艺推陈出新，发展出如金银线绣、套针绣等。宋代，扬州刺绣技艺进一步发展，由实用性逐渐向观赏性功能转变，要求绣制出书画内涵，达到传神境界，进而表现出书画的气韵。在不断改良与创新中，双面绣开始出现。

明清时期是扬州刺绣的全盛时期。该时期由于朝廷官员倡导，扬州刺绣技艺得到了进一步的发展和提升，成为当时扬州地区的重要产业。实用性和观赏性作品并存，做工精细、题材丰富，达到"劈丝细过于发，针如毫"的境界。随着南北商贾来扬经商，扬州刺绣品遍及各地，已渗透到人们的日常生活中。

二、扬州刺绣的发展

中华人民共和国成立后，扬州刺绣开启新篇章。1959年扬州绣品厂成立，扬州刺绣生产开始逐渐恢复，经过以陈淑仪为代表的绣娘多年探索，绣制技巧不断创新，发展出富有书画作品韵味的仿古绣。画稿诗意深邃，构图层次清晰，色彩雅致柔和，绣法讲究丝路,作品表现出古朴典雅之意境、清和闲适之神韵。现在,扬州刺绣已传承发展至第五代,具体传承谱系见表1-2。

表1-2 扬州刺绣传承谱系

代别	姓名
第一代	张李氏(1870—?)
第二代	张秋纹(1895—?)、唐陈氏(1905—?)、董佳言(1905—?)
第三代	陈淑仪、陆树娴、张迹泠、李兰娟、任秀珠、巴应存、薛白华等
第四代	吴晓平、傅燕、蒋明秋、卫芳、曹忠、陈景丽、潘琴、郑书金等
第五代	王萍、谈启明、唐学珍、罗红薇、殷梅、王丽、孙亚楠、李恩燕、朱庆、梁艳、何国仙、黄明月、陈文娟、李娟等

在众多传承人中,最突出的要数第四代传承人吴晓平(图1-5)。吴晓平幼年时期就开始跟外婆学习绣制枕套等日用品,表现出对刺绣的热爱且具有较高的天赋。1971年,吴晓平进入手绣车间工作,早期主要绣制枕套、和服腰带及服装。后来由于技艺精湛,进入精品小组,师从扬州著名刺绣工艺大师陈淑仪。在师傅的培养下,吴晓平开始进行山水和人物的绣制。1974年参与绣制大型双面山水作品《庐山新貌》,1983年被选派赴日本五城市进行刺绣表演。这一时期,随着旅游行业的发展,加上绣品精致、讲究,极具艺术价值,作品供不应求。随着发展的需要,精品小组由原来的18人增加至30余人,小组不断发展壮大,作品送至多地参加展览。1998年机器绣开始发展,手工绣市场遭到打击,绣品厂处于亏损状态。1999年,绣品厂改制,解散了手绣精品小组,许多手艺人下岗。当时扬州漆器厂厂长经过3次参观刺绣作品后,有意将扬州刺绣、剪纸、通草花、漆器等集中起来成立厂内民间艺术馆。怀着对刺绣的满腔热爱,将近50岁的吴晓平带领妹妹和徒弟进入艺术馆潜心绣制,历时两年绣成双面绣地屏《蓬莱仙境》(图1-6)。作品巧妙地运用多重针法,淋漓尽致

图1-5 传承人吴晓平

图1-6 《蓬莱仙境》局部

地表现了中国画潇洒俊逸的笔墨神韵，精致严谨，古朴传神，把扬州刺绣的技艺水平提高到了一个新的境界。漆器厂选送该作品前往北京参展，受到高度赞扬，认为《蓬莱仙境》具有极高的创新性。2013年，吴晓平刺绣工作室正式注册成立，在退休之后，她和徒弟们主要在工作室进行绣制。

多年来，吴晓平的刺绣作品获得多项殊荣，其部分荣誉见表1-3。

表1-3 吴晓平所获部分荣誉一览表

获奖时间	奖项名称	颁奖单位	证书
2006年6月18日	扬州市工艺美术大师	扬州市人民政府	
2008年2月	江苏省工艺美术大师	江苏省人民政府	
2013年11月29日	研究员级高级工艺美术师	江苏省人力资源和社会保障厅	
2013年12月	扬州市工艺美术行业之星	扬州市工艺美术行业之星评选组委会	
2014年12月26日	国家艺术基金《刺绣艺术创新青年人才》培养项目专业指导教师	江南大学	
2015年3月16日	2014年度中国工艺美术行业典型人物	中国工艺美术协会	
2015年11月1日	2015"百花杯"中国工艺美术精品奖金奖	中国工艺美术协会	

第二节　风俗趣事

一、从爱好到热爱

　　吴晓平的外婆是一个大家闺秀，经常会为孩子们制作服饰用品，比如帽子、围兜、鞋子、床单、枕套等。从小学三四年级开始，吴晓平就对刺绣产生较大的兴趣，开始在外婆的带领下学习。最初，她绣制鞋子上面的花样，因为鞋底比较硬，初学者可以很快上手且能够随意绣制。鞋子花样的选择，主要是来自扬州著名的剪纸大师张永寿，他剪的很多纹样都成了刺绣素材，这些剪纸小花样，直接贴到鞋子上，就可以用来制作了。后来，随着外婆渐渐年纪大了，眼睛逐渐老花，特别精细的东西就由吴晓平绣制，她的技艺水平也得到了不断提升。小学毕业的时候正好赶上"文化大革命"，学生基本不上学，大概有两年的时间，吴晓平都是在家加工绣品厂的刺绣。即便在这样的条件下，吴晓平也没有感到疲累，反而激发了更深厚的兴趣，在绣品加工时培养了非常好的手感。当时，每个人的绣品会贴上个人的工号，她做出来的东西送到单位去基本上直接免检。初中毕业之后，她就正式进入绣品厂工作，从事一直喜爱的刺绣事业。

二、师道传承

　　绣品厂主要有三大车间，分别为缝纫车间、手绣车间、精品小组。精品小组总共十余人，属于高端工种。初入绣品厂，吴晓平主要处理刺绣方面的一些杂活，接触不到精品车间，绣制的多为和服腰带。和服腰带需要按照外商的要求进行制作，包括色彩、纹样等，不涉及任何的创新。虽然和服腰带制作复杂，要求较高，既要工整又要灵活，尤其是腰带下面的流苏，但是她总能非常完美地完成任务。由于对刺绣的发自内心的热爱，她经常会去绣品厂，后来被师傅陈淑仪选入精品小组，对她产生了极大的影响。尽管已经制作和服腰带一年多的时间，基本功较为扎实，但是进入精品小组以后，师傅依然让她从头练起，主要制作4朵牡丹花，后来在师傅的带领下前往苏州学习。苏绣主题主要是小猫、小狗、小金鱼等小动物，而扬州刺绣主题更多的是山水。在不断学习的过程中，师傅开始有意培养她进行山水和人物的绣制。早在还未进入精品小组之前，她就在广播上经常听师傅讲授如何刺绣，师傅的精湛技艺让她折服，非常渴望成为师傅的徒弟。师傅是一位盐商的后代，性格非常要强，对徒弟要求非常严格，精品小组所有人都害怕她，但是吴晓平从未有过这种感觉。对于刺绣，吴晓平感到得心应手，从未感觉到辛苦，可谓天赋异禀。

三、坚持与希望

随着时代的发展，机械化水平逐渐提高，绣品厂厂长在面临亏损的状态下于1999年解散精品小组。吴晓平当时感到非常绝望，一直以来的事业好像没有价值了。但是，她先生何士扬认为这是一种传承，是一件伟大的事情，也给予了吴晓平继续刺绣的动力和信心。吴晓平提及自己也是因为刺绣与何士扬结缘，他既是一名画家，又是一位专职刺绣设计师，为扬州刺绣画稿。她先生的父亲是扬州国画院著名花鸟画家何庵之先生，一直从事绘画工作。何庵之每天在家作画，吴晓平下班回来都会把何庵之的画挂在墙上进行点评，经过每天的熏陶，内心就有了一定的艺术素养和审美取向，刺绣的定位和风格也更加明确。一直到现在，70余岁的吴晓平及弟子依然在绣制作品，她说自己是幸运的，一辈子都在做自己喜欢做的事情。当然，现在很多年轻人没有耐心坐下来，吴晓平也一直在思考如何才能吸引年轻人来学刺绣（图1-7）。

图 1-7　吴晓平在工作室刺绣

第三节　制作材料与工具

扬州刺绣的制作材料与工具主要包括绣架、绣绷、线料、底稿、绣针、剪刀等。

一、绣架

绣架是用于支撑绣布并保持其平整的工具，便于刺绣者能够更轻松、更精确地进行刺绣工作（图1-8）。具体而言，扬州刺绣的绣架通常采用木质材料，经过精细加工和打磨，表面光滑且耐用。绣架的高度和宽度都可以根据需要进行调整，以适应不同刺绣者的身高和绣布的大小。同时，绣架上还配备有可调节的绷布装置，能够轻松地将绣布固定在绣架上，并保持其平整度和稳定性。在使用扬州刺绣绣架时，刺绣者可以将绣布平铺在绣架上，然后利用绣针和绣线进行刺绣。绣架的稳定性和绣布的平整度可以大大提高刺绣的精度和效率，使刺绣作品更加精美。绣架为一对，每一个均呈现3只脚结构，其中2只脚朝向外部，1只脚位于中间，能够保证绣制过程中的稳定性且朝外放置能够避免上下甩线时手产生撞击。

图 1-8 绣架

二、绣绷

　　绣绷主要由两根方形横轴与两根圆形竖轴组成，用于固定和绷紧绣布，使刺绣者能够在平整且稳定的绣面上进行精细的刺绣工作（图 1-9）。绣绷有多种类型，其中最常见的是长方形绣绷。按材质分，绣绷可以分为木绣绷和铁绣绷两种。铁绣绷相对于木绣绷来说更具稳定性，不易变形，因此在刺绣过程中更能保持绣面的平整。在扬州地区，南区主要使用木绣绷，而北区则两种绣绷都使用。此外，绣绷还有大、中、小之分。大绷过去主要用来绣制衣袍的边，因此也被称为边绷；中绷过去常用于绣制女子衣服的袖边，故称为袖绷；小绷则主要用于绣制童鞋、女鞋等小件绣品，因此被称作手绷。现在，随着刺绣技艺的发展，中绷的使用更为普遍，适用于多种绣品。在使用绣绷时，需要根据绣图的大小来选择合适的绣绷，以确保绣面能够完全覆盖并固定在绣绷上。绣绷的使用不仅提高了刺绣的精度和效率，也使得刺绣作品更加精美。

　　扬州绣绷主要由两根绷挂和两根绷栓组成。其中绷挂为圆柱形且上面有4个洞；绷栓发挥着竖向支撑作用，上绷时使用绷栓进行固定，可以根据需要调整松紧度，保证绣制过程中的平整性。绷带选择棉布纱带，起到收紧作用，确保每一个绷面的平整度都符合要求。

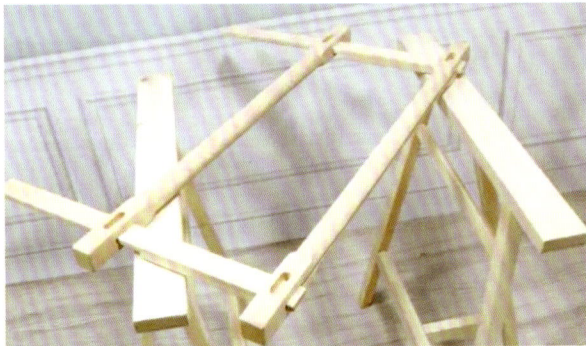

图 1-9 绣绷

三、线料

　　仿古绣选择仿古面料的塔夫绸，由真丝和桑蚕丝制作而成，紧密度适合绣制，具有一定的朦胧感和透明度，双面绣选择少。绣线是从苏州购买，但是会劈丝，更为细腻（图 1-10）。

图 1-10 线料

四、底稿

底稿用于绣制时观看作品细节部分。扬州刺绣的底稿多以名家字画为主，这些字画本身就蕴含着深厚的文化底蕴和艺术价值。通过精心挑选这些字画作为底稿，绣娘能够将传统绘画艺术与刺绣技艺完美结合，创作出既具有文化底蕴又富有审美价值的刺绣作品。在扬州刺绣的工艺流程中，绘制底稿是第一步，直接影响到后续的一系列操作。

五、绣针和剪刀

扬州刺绣使用的绣针是乱针绣技法中不可或缺的工具，扬州刺绣使用的绣针和剪刀如图 1-11 所示。

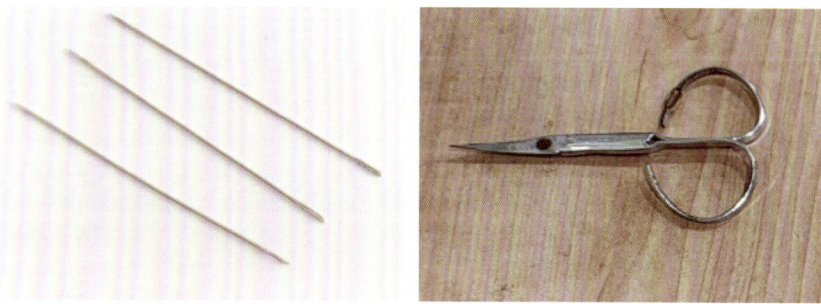

图 1-11 绣针和剪刀

第四节 制作工艺与技法

扬州刺绣的工艺流程主要包括选稿、画稿、配线、上绷、刺绣、装裱六大步骤，具体如下。

一、选稿

读懂画稿，一是方便刺绣，二是需要配线。母本选用风格清雅、笔风潇洒老辣、个性鲜明、具有丰富的审美情趣的作品。仿古绣色差较为微妙，技艺要求较高，选稿时需要考虑适合的刺绣方法。每个人审美和兴趣取向不同，在选择底稿后，需要对其进行解读画意、解读画迹，做到形似而神更似（图1-12）。

图1-12　选择底稿

二、画稿

准备底稿后需要进行画稿，主要有两种方式：一种是画稿，即用"双勾白描"的手法在底料上绘出原画的轮廓，可能不太标准；另一种是直接进行打印，但有时候会存在痕迹，且需要注重画意的表达。

三、配线

根据古画的底色和所选面料的颜色来进行绣线配色，配色要契合作品特点，如宋代名画颜色较深，清代任伯年的画作则颜色较浅等，不同的绣品要求也各具差异。成功的绣线配色可以模拟墨分五色的效果，从而在绣制过程中更好地传达原画的意境（图1-13）。

图1-13　吴晓平正在配线

四、上绷

上绷时通常采用涤纶面料镶在四周进行绷边，要做到横平竖直、平整光齐，对绣品进行固定（图1-14）。上绷是一项精细而重要的工作，涉及多个步骤，对技术要求较高，以确保绣布能够平整、紧致地固定在绣绷上，为后续的刺绣工作奠定良好的基础。

以下是扬州刺绣上绷流程的一般步骤。

（1）选绷。根据绣图的尺寸，选择适当大小的绣绷。绣绷有大、中、小之分，应根据实际需要进行选择。

（2）准备绣布。将绣布准备好，确保其干净、平整，无皱褶和污渍。

（3）放置绣布。将绣布平铺在绣绷上，注意绣布的方向，保持绣布的平整度。

（4）固定绣布。使用专门的固定工具和方法，将绣布牢牢地固定在绣绷上。通常在绣布的四周和中心位置进行固定，以确保绣布不会移动或变形。

（5）拉紧绷绳。根据绣绷的设计，拉紧绷绳，使绣布更加平整和紧致。这一步骤对于后续的刺绣工作至关重要，直接影响到刺绣的精度和效果。

（6）检查与调整。在完成上绷后，仔细检查绣布是否平整、无皱褶，绷绳是否紧实、稳固。如有需要，进行适当的调整。

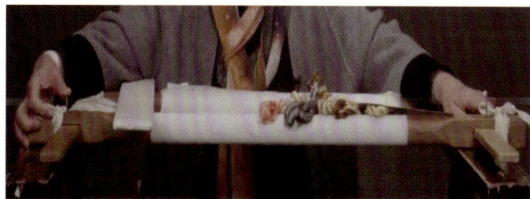

图 1-14　上绷

五、刺绣

一般从左往右绣制，避免产生绣线摩擦。需要注意前后层次，一层层覆盖，不断地对颜色进行加深或者调整（图1-15）。

图 1-15　工作室绣娘正在刺绣

六、装裱

仿古画一般采用手工装裱，需要对丝线进行保护。双面绣一般使用红木边框和玻璃进行装裱，实现双面观赏。单面绣一般采用裱画的方式。另外，年代不同，装裱形式也有差异。红木边框配以玻璃，既显古风质朴又便于对绣品进一步保护（图1-16）。

图1-16　扬州刺绣装裱成品

第五节　工艺特征与内容题材

一、工艺特征

1.针法灵活多变

在扬州刺绣中，针法的灵活多变体现在能够根据绣品的不同需求和艺术家的创意，巧妙选择并组合使用各种针法，以达到最佳的艺术效果。这种灵活性要求刺绣艺人具备深厚的艺术修养和精湛的技术功底，能够根据不同的图案、色彩和质地，灵活调整针法，使绣品呈现出细腻、生动、富有层次感的艺术效果。扬州刺绣使用的主要针法包括散套、施针、松针、齐套、虚针、打籽针等。

（1）散套。散套是刺绣中最常用的针法，针脚均匀，较为灵活，形成的丝路流畅且平整光洁，针脚可疏可密，可用于山水、花鸟、人物的绣制。具体绣制流程分为四套，第一套为一针长一针短，不断穿插，长短均不能在一条横线上；第二套绣制在两根线中间，参差不齐；第三套套在第一套的尾巴处，第四套套在第二套尾巴处。游针表现云彩、水的线条，线条具有流畅感，根据线条的粗细决定针脚的紧密程度，可以与嵌针、接针相结合（图1-17）。

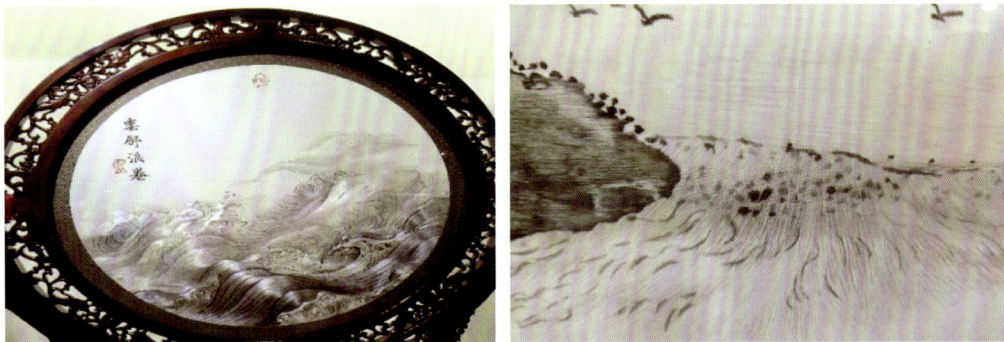

图1-17　散套针法水纹细节图

（2）施针。施针多用于绣制小动物的毛发，特点为蓬松、灵活，色彩镶嵌较为丰富，分层次绣制，每一层使用不同针法，边缘针脚较松，中间针脚较密。该针法适宜绣制人物和动物。其特点是用稀针分层逐步加密，便于镶色；丝理转折自然，线条组织灵活。刺绣时，第一层先用稀针打底，线条长短参差，线条间的距离要根据需要灵活掌握。如需绣多层，可酌

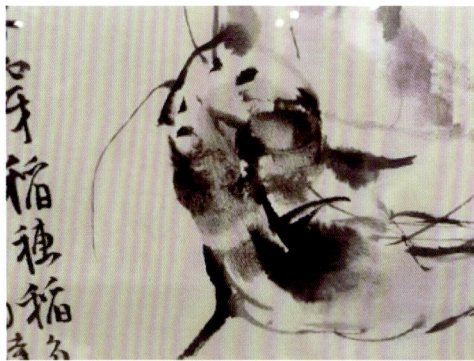

图1-18　施针动物作品细节

量叠加，便于加色。以后每一层均用稀针按前一层组织方法，依绣稿要求分层施针，逐步加色，直至绣成（图1-18）。

（3）松针。绣制松树必须使用该针法，按照松树的生长规律进行制作。一般一根线有16丝，松树使用2～3丝。该针法是按放射状运针，绣线布置如扇形或轮状，外缘落针在一圆周上，收针都在同一针孔内。它最早可见于南宋仿画绣《瑶台跨鹤图》中。

（4）齐套。齐套是扬州刺绣中一种重要的针法，用于表现细腻的色彩变化和纹理。其特点是线条平整，色彩过渡自然，能够呈现出丰富的层次感和立体感。通过精心运用齐套针法，刺绣者能够创作出细腻入微、栩栩如生的绣品。

（5）虚针。虚针常与散套相结合，是写意绣的常见针法，表现虚实关系。例如，水面采用横虚针。该针法注重线条的流动感和空间的层次感，通过虚实相间的针脚，营造出一种空灵、飘逸的艺术效果。

（6）打籽针。该针法用线条绕成粒状小圈，绣一针，形成一粒"籽"，因此而得名。这种针法适宜绣制装饰性较强的图案，其优点是坚固耐用。打籽针法被认为是古老的锁绣法的发展，最早可见于蒙古诺彦乌拉墓出土的绣品上。扬州刺绣多用打籽针绣花心，尤其是梅花。

2. 文化底蕴丰富

扬州刺绣的传承和发展得益于扬州地区丰富的文化底蕴，这为刺绣艺术的发展提供了良好的土壤。扬州的文人墨客、宫廷艺术家等都对刺绣艺术有着浓厚的兴趣和研究，为刺绣艺术的创新和发展做出了重要贡献。扬州刺绣主要受扬州八怪画派的熏陶，逐渐形成了独特的刺绣艺术风格，该风格在历史的演变中形成，具有深厚的文化内涵，并非为绣而绣。扬州的文化滋养了扬州刺绣，做工讲究，线条平滑、抑扬顿挫，起笔落笔均有特色。吴晓平在继承传统技艺的基础上，经过多年的探索和研究，发展创新了不同针法，描绘书画背后的文化内涵，形成了富有诗情画意的仿古绣和神韵天成的写意绣。

二、内容题材

扬州刺绣的内容题材广泛，体现了中国传统文化的深厚底蕴和独特魅力。常见的

扬州刺绣有仿古山水绣、水墨写意绣、刺绣文字和刺绣印章等，涉及自然、历史、文化等多个方面，不仅具有独特的艺术魅力，还承载着丰富的文化内涵和历史价值。

1. 山水绣

山水绣是扬州刺绣的重要特色之一，它以山水为主题，通过细腻的绣工和精湛的技艺，将自然景观和山水意境表现得惟妙惟肖。仿古山水绣注重细节的描绘和色彩的层次感，通过流畅的线条和渐变的色彩，使绣品充满动感和立体感。同时，山水绣还注重表现中国传统文化中的哲学思想，如山水的寓意和象征意义，给人以极大的艺术享受（图1-19、图1-20）。

图1-19 山水绣

图 1-20　单面绣挂屏《扬州四景》套组

2. 水墨写意绣

水墨写意绣是扬州刺绣的另一大特色，它以水墨画的风格为基础，通过刺绣技法和线条的表现，将水墨画的韵味和意境展现出来。水墨写意绣追求简约、含蓄和意境的表达，通过线条的精细处理，使绣品呈现出抽象、模糊的效果，给人以想象的空间和审美的享受。水墨写意绣常以花鸟、人物、山水等为题材，通过细腻的线条和独特的构图，展现出中国传统文化中的审美和哲学思想（图 1-21、图 1-22）。

图 1-21　人物像

图 1-22　动植物刺绣作品

3. 刺绣文字

受到扬州历代文化的影响，尤其是扬州八怪画派的熏陶，扬州刺绣在绣制文字时追求中国画的文化内涵和笔墨情趣。通过以针代笔、以线代墨的方式，绣制出来的文字不仅传递出深邃的意境，也展现了格调高雅、雅逸传神的艺术风格（图 1-23）。

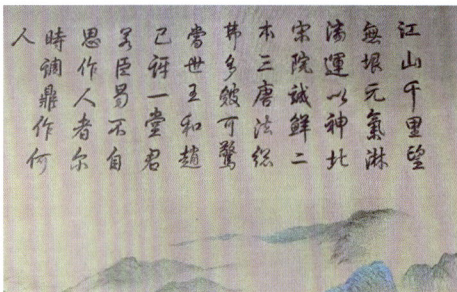

图 1-23　扬州刺绣作品中文字内容的绣制细节

4. 刺绣印章

随着技艺的发展和艺术家的创新，扬州刺绣开始融入更多的文化元素，包括书法、国画及印章。这些印章通常是以丝线绣制，既保留了印章的传统形式，又赋予了它新的视觉效果和艺术生命。在艺术作品上绣制印章，可以作为艺术家签名的一种形式，证明作品的真伪和出处。印章的加入不仅为作品增添了一种独特的美感，也体现了艺术家对传统文化的尊重和传承。每个艺术家绣制的印章都有其独特之处，这不仅展现了艺术家的个性，也是其技艺水平的一种体现（图1-24）。

图 1-24 扬州刺绣作品中印章内容的绣制细节

扬州刺绣注重线条的流畅和色彩的层次感，通过细腻的绣工和精湛的技艺，使绣品具有艺术性和观赏性。仿古山水绣和水墨写意绣在技法和风格上有所不同，仿古山水绣更加注重细节的描绘和色彩的渐变，而水墨写意绣则更加追求简约和意境的表达。这些特色使扬州刺绣成为中国传统手工艺中的瑰宝，也为扬州的文化底蕴增添了独特的魅力。

第六节　作品赏析

一、仿古山水绣

仿古山水双面绣《海峤春华》，材质为真丝线、真丝绢纱配以红木框架，宋锦装裱。原画作者袁耀，江苏扬州人，清代著名画家。其画风格华丽严谨，独具一格。绣品作者对整个画面认真地研究，对画意有着较深的理解，对画面的远景、中景、近景及整个画面的虚实、对比处理，设定了严格的设计方案。近景的山石巍峨、挺秀，老树苍劲，有着较强的立体感。中景的亭台楼阁，则采用传统针法，对线色的选用更加严谨准确。色彩艳而不俗，结构精确，做工精细，充分体现了扬州刺绣平整光齐的艺术风格。远景，尤其是波涛水浪，是整个画面最精致、最关键的部分。在绣面最虚处，采用了残丝（一根线的六十四分之一）绣制，在针法的运用上也打破了单一的局限。行家说"刺绣怕虚不怕实"，最难表现画家那虚无缥缈的用笔和画意。绣品作者试创了"滚游针"和"虚散套"相结合的针法，把渐虚渐远的画意表现得淋漓尽致，天衣无缝。所绣的波涛丝路柔顺，让人感受到波涛的汹涌澎湃。整个绣面配以设计得体、做工精致、图案线条流畅的红木框架，使得绣品更加完美，让人有身临其境之感。图1-25所示的作品《海峤春华》在第八届中国工艺美术大师作品暨工艺美术精品博览会上获得2007年"百花杯"中国工艺美术精品奖金奖，入选2009年文化遗产日暨第四届江苏省文化节——"锦绣江苏"中国江苏织绣艺术精品展。

《鱼鹰图》原画作者为著名画家潘天寿。其画空灵简洁，水墨淋漓，用笔苍劲有力，在绣制过程中绣者采用散套、虚针、层层晕染的手法，使画面层次分明，达到笔到意到，融画理与绣理为一体的艺术效果，增强了原画的艺术感染力（图1-26）。

图1-25 吴晓平刺绣作品《海峤春华》

图1-26 吴晓平刺绣作品《鱼鹰图》

二、水墨写意绣

写意绣作品《扬州种》材质为真丝塔夫绸配以红木框架。原画作者为扬州八怪之一李鱓。画面构思精巧俊秀，表现扬州的名花芍药。绣品作者根据画意，采用虚散套、游针、接针、虚针等针法，用层层晕染的手法，着力表现中国画的笔墨韵味。做工精细，设色柔和秀润。虚实、浓淡相宜。通过针线再创作，出神入化地赋予原作生命精神，充分表现作品精致高雅的意境。2011年《扬州种》获江苏省工艺美术精品博览会金奖，入选2012年中国当代刺绣艺术品大展，在第四十八届全国工艺品交易会上获得2013年"金凤凰"创新产品设计大奖赛金奖，同年被认定为扬州市工艺美术精品（图1-27）。

作品《行旅图》材质为真丝塔夫绸配以红木框架，其创作讲究中国画的笔墨情趣和文化内涵，以针代笔，以线代墨，融画理与绣理为一体的艺术风格，充分体现中国画虚实、浓淡的水墨韵味，层次分明。在绣制过程中，绣品作者对原画认真研究，对画意有着较深的理解，对画面的虚实处理有着严谨的设计方案。绣制浓墨部分采用相对较粗的四丝线（一根线的四分之一），采用虚散套针法，由粗至细，由疏至密，运用层层晕染的手法，淋漓尽致地表现出中国画的水墨韵味。绣制衣褶线条，讲究中国画的用笔情趣，散套、接针、游针的灵活运用，达到笔到意到，融画理与绣理为一体的艺术效果。

特别是对人物面部神情的刻画，线条勾勒严谨，做工精细，绣制毛发、胡髯，甚至采用了残丝（一根线的六十四分之一）进行绣制，所绣人物神采各异，栩栩如生，增强了原作的艺术感染力，充分表现了原画潇洒俊逸的笔墨神韵。《行旅图》在2012年获第二届中国湘绣文化艺术节、中国当代刺绣艺术品大展创新技艺奖，同年入选中国当代艺术品大展，2013年获得中国（杭州）工艺美术精品博览会金奖（图1-28）。

| 图1-27 吴晓平刺绣作品《扬州种》 | 图1-28 吴晓平刺绣作品《行旅图》 |

三、双面绣

双面绣作品《栈道图》材质为绢纱配以红木框架，宋锦装裱。该画原作为明代画家仇英所绘。此图勾勒精细严谨，设色柔和秀润，意境幽深高远。所绣人畜神采各异，栩栩如生。巧妙地运用了各种传统刺绣针法，用线、运色准确严谨，淋漓尽致地表现了原画潇洒俊逸的笔墨神韵，实为现代扬州刺绣代表作之一。该作品于1998年被江苏省传统工艺美术评审鉴定委员会鉴定为传统工艺美术精品，2002年入选江苏省首届文化艺术精品展，2012年获第五届中国刺绣文化艺术节暨全国代表性绣种刺绣作品展金奖（图1-29）。

双面绣《九知图》在扬州城庆2500周年工艺精品展获金奖。此幅作品由江苏省工艺美术大师、研究员级高级工艺美术师、江苏省非物质文化遗产传承人吴晓平和扬州市工艺美术大师唐学珍绣制而成，简洁精致，意境高雅，寓意含蓄。在绣制过程中采用虚散套、虚针、接针等多种针法，用晕染的方法绣制树干，虚虚实实对画面起到衬托作用，绣制知了的翅膀则采用残丝，丝路合理，色彩明丽，整个画面虚与实、动与静、粗与细的对比使画面生动活泼，所绣知了精细入微，栩栩如生。该作品在第十四届中国工艺美术大师作品暨国际精品博览会上获"2013国信·百花杯"中国工艺美术精品奖金奖，同年被认定为扬州市工艺美术精品（图1-30）。

图1-29 吴晓平刺绣作品《栈道图》

图1-30 吴晓平刺绣作品《九知图》

《荷塘远眺》原画作者任伯年生于1840年，清末著名画家。作品格调清雅，笔法纯熟多变，刺绣作者吴晓平根据画理巧妙地运用了多种针法，其用线、晕色准确严谨，淋漓尽致地表现了原画作者潇洒俊逸的笔墨神韵，所绣人物栩栩如生，意境清旷超凡，扬州刺绣素有"针画"之美誉，融画理与绣理为一体的艺术风格在该作品中得到了充分体现。

《荷塘远眺》在第十五届中国工艺美术大师作品暨国际精品博览会（扬州）上获"2014中国原创·百花杯"中国工艺美术精品奖金奖，2015年《荷塘远眺》在扬州城庆2500周年工艺精品展获金奖（图1-31）。

图1-31 吴晓平刺绣作品《荷塘远眺》

四、单面绣

《雪景寒林图》是北宋初年杰出的山水画家范宽的作品。范宽喜画山水，继法荆浩，博览大自然，对景造意，写山真貌，自成一家。作品多取材于自己熟悉的关峡一带山水实景，因而他所画山水峰峦浑厚，气壮雄逸。范宽笔力老健，善为山水传神，是北宋北方山水画三个主要流派的代表人物之一。《雪景寒林图》由江苏省工艺美术大师、研究员级高级工艺美术师吴晓平领衔，由王萍、吴晓明、谈启明等市工艺美术大师精心绣制，历经六年沥尽心血绣制而成（图1-32）。刺绣者将精湛技艺与对中国画的理解融入创作中，着力表现绘画风格和高雅的意境。在刺绣创作过程中如何处理好虚实关系及枯笔、湿笔、浓墨、淡彩的笔墨关系尤为重要，刺绣者采用了近二十几种不同针法，近五十种墨色绣线绣制。高山之麓以粗犷的针法采用一根线的 1／3 绣制，细密的雨点皴和润泽的墨色用层层晕染的技法绣出了山水峰峦浑厚、气势雄逸的绘画风格。溪水之滨则采用一根线的 1／8 至 1／16 较细的虚针表现出墨色氤氲形成的俊秀的笔墨神韵，赋予了水墨雪景图别样的灵动感、翰墨味和中国画的文人气息。所绣画面群山积雪、雄气敦厚，崔巍之山有冒雪出云之势，凛凛寒气之感，衬托之下愈显山势嵯峨雄伟，寒林枯干锐枝，繁复之中见严谨，参差之中见疏密，枯干上虽不着雪，但寒冬林木寂谧的气氛表现得很充分，形象地描绘了祖国北方山河的壮丽多姿，给人一种身临其境的感觉。《雪景寒林图》不仅是范宽传世罕见的杰作，同时此幅绣品也是现存的扬州刺绣中重要的艺术珍品之一，具有很高的艺术价值和历史价值。

图 1-32　吴晓平刺绣作品《雪景寒林图》

第七节　传承人专访

一、您是怎么接触到扬州刺绣的？

吴晓平：我小时候经常看着外婆绣制一些枕套等日用品，自己非常喜欢，一直会绣些鞋子上的纹样。毕业后进入绣品厂工作，被师傅陈淑仪选入精品小组，开始进一步学习。我对扬州刺绣非常热爱，对于能一生做自己喜欢的事情，感到非常幸运。

二、现在您的工作室发展情况怎么样？

吴晓平：我建立工作室主要的动力在于对作品的所有权，能够自己决定是否售卖等。但对于销售而言，当前是等客人自己上门购买。工作室现在有员工 3 ~ 4 人，均已经从事 30 ~ 40 年，我自己也已从业 50 多年了。工作室营业收入主要是员工作品市场销售，我个人作品一般由博物馆等收藏，总体上销售面很窄，产量也很小。

三、对于徒弟或者以后的传承人有什么要求吗？

吴晓平：喜欢、热爱这是最重要的，热爱了才会坚持下来。如果有一定的悟性更好，没有悟性在绣制的过程中就会有一点痛苦，反之则很快乐，这是良性循环。其实我觉得悟性也来源于思考，在绣制过程中，我几乎每一针都在动脑思考，想着通过怎样的形式表现得更好，这个是讲不出来的，需要自己来感悟体会，根据画稿表现出内涵。在刺绣的时候，别人讲话我都听不进去的，非常专心。我也喜欢挑战，绣制一些新东西和较难的作品，因为基本功比较好，同样四丝制作绣品，我的成品就感觉更精细。

四、您怎么理解书画与扬州刺绣之间的关系？

吴晓平：我经常会带领徒弟去参观一些画展等。之前我也学过绘画，就是为刺绣服务，主要用于画稿。要多看书画，能够理解其中的韵味再用刺绣表现出来。现在基本上还是绣制"扬州八怪"的画，我擅长他们的写意和仿古山水。对于画稿文化底蕴的把握，需要广泛学习，潜移默化。

五、您觉得现在扬州刺绣传承中遇到了哪些困难？

吴晓平：一是年轻人少。年轻人学习扬州刺绣的几乎没有。目前有一位年轻人利用休息时间来学习，不想把工作辞掉。扬州刺绣的传承，需要从小培养，像我女儿她从小学画、学绣，基本功很扎实，本身她也喜欢画画和刺绣，相对来说时间比较充裕，没有工作压力。当然，现在孙辈也正在跟着学习，目前读三年级。

二是扬州刺绣技艺较难且短期内没有作品，对时间精力都有一定的要求。小型作品一年可以绣制 4 幅，大型的可能就需要 2～3 年绣制 1 幅。传承方面还是时代造就人，如果有愿意来学的年轻人，我会毫无保留地教授。

三是由于不懂工作室经营以及缺少经费，无法采用培养徒弟的模式来培养学生，这是最困难的一个问题。

四是很少有人专职学习刺绣。目前在学人员基本都是兼职学习，要兼顾工作和刺绣学习。

六、政府对扬州刺绣的传承提供了哪些帮助？

吴晓平：我的工作室 2016 年被评为扬州市名师工作室，连续 3 年给予 3 万元的补贴，可以买材料、收集资料，对作品进行整理以及培养学生等。2023 年参与江苏文艺"名师带徒"计划，能够挑选一位学生进行教授。政府连续 3 年会给学生 5 万元，老师 5 万元。这个计划能够让我从一个成熟的学生带起，学生具有较好的基本功，已经从事刺绣十余年，这种模式还是很好的。扬州在培养徒弟这一方面具有良好的培育环境，因为绣娘较多，能够从有基础的学生中进行挑选，哪怕自己花钱培养也可以看到希望，而不是从零基础带起。

七、扬州刺绣受扬州八怪影响较大，近几年有其他创新吗？

吴晓平：在画稿方面没有，主要是针法和装裱形式的创新。关于画稿方面，一是创新要求个人要有构图和画稿的能力，如果艺术性达不到，也没有必要花较长的时间来创作一个不够丰富的作品；二是名人名稿是经过了历史的选择，可以用刺绣艺术来表现绘画，也是对名画的一种尊重，所以没有盲目地去创新。当然，年轻人可以去创新，但是个人理念是不能为了创新而创新。关于针法方面，我创作了半留针法，能够通过孔隙的稀疏来决定作品颜色的深浅和浓淡，避免僵硬。在装裱形式上，创新作品支架，符合当代审美取向。

八、扬州刺绣和其他刺绣相比，有什么特别的地方？

吴晓平：一是刺绣技艺本身及表现形式不同。其他刺绣样式为装饰性的画，主要以水彩、油画为主；扬州刺绣主要以中国画为主。我之前到西安参展，研究刺绣理论的一位老师当时给展台定位为扬州文人绣，给了我足够高的评价，感觉一辈子没有白做。二是针法不一样。乱针绣的针法是乱的，扬州刺绣讲究平整光齐。水墨写意绣的针法，更是无法用言语来表达的。针法估计没办法完全汇总成文字资料，因为扬州刺绣的针法强调灵活运用。扬州刺绣一般常用针法是散套，但是在写意绣中针法灵活，根本没有规则。主要是根据个人理解的画意以刺绣进行表达，掌握画意才能表达出韵味，这就较为微妙，也决定了扬州刺绣无法速成。

九、您未来对扬州刺绣的发展有什么打算吗？

吴晓平：目前作品大概40～50件，还没有完全整理出来。我想要建立一个扬州刺绣博物馆，哪怕是自己家里的博物馆。关于年轻人传承，目前只有一个年轻徒弟，是政府提供经费培养的，但是她更侧重非遗衍生品开发，例如耳环吊坠、衣服上的小挂坠等，便于大众接受和销售。我还是希望既然跟我学了，就要把真正的东西学会。如果真的要走市场这条道路，就要更加吃苦，这和真正的技艺传承还有区别，两者方向不同。

第八节　传承现状与对策

一、传承现状

扬州刺绣具有悠久的历史和丰富的文化底蕴。作为中国传统手工艺之一，扬州刺绣拥有精湛的刺绣技艺和独特的风格，深受人们喜爱。传统的扬州刺绣技艺经过数百年的发展和传承，形成了独有的艺术特色，融合了中国传统文化的精髓，具有很高的艺术价值和历史意义。此外，对扬州刺绣的保护和传承也受到了政府和社会的重视，有一定的政策和资金支持。

　　作为国家级非遗传承人，吴晓平非常注重扬州刺绣的人才培养和传播渠道的拓宽，让非遗走进千家万户。一方面，积极参与重要展览活动，宣传推广扬州刺绣，提升扬州刺绣的社会影响力（图1-33）。2021年4月组织学生携作品参加由国际园艺生产者协会审核批准的扬州世界园艺博览会并作表演；5月参加在中国美术馆举办的由中共江苏省委宣传部、中国民间文艺家协会、中国工艺美术协会、中国美术馆等联合主办的"大美民间　苏作百年"江苏工艺美术精品展，并现场为参展的重要嘉宾作讲解；6月携作品参加由文化和旅游部、上海市人民政府联合主办的"百年百艺·薪火相传"中国传统工艺邀请展；12月受邀参加"绣美人生　薪火相传"苏州工艺美术学院织绣班合作项目师生作品成果展暨苏绣工艺人才培养项目研讨会等。另一方面，吴晓平加强扬州刺绣的理论研究，撰写了《由仿古绣＜雪景寒林图＞作品浅探传统工艺之结合》《浅析扬州传统刺绣的发展与传承》两篇论文（图1-34）。对于作品绣制，始终坚持精品创作，推动扬州刺绣传世精品创作。

图1-33　吴晓平参与展览活动

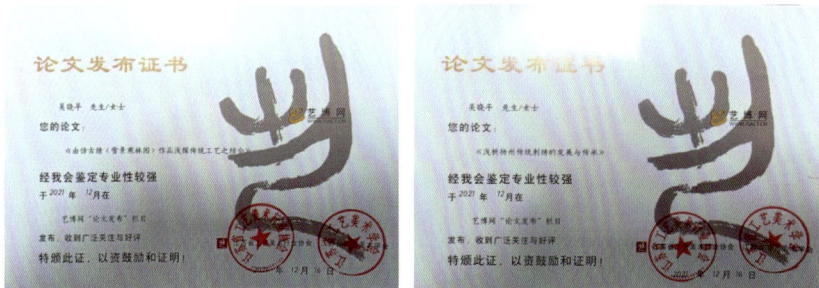

图1-34　吴晓平论文发布证书

然而，扬州刺绣的传承发展也面临着一系列挑战。

1. 从业人员断层趋势明显，年轻人少

由于现代生活方式的影响，年轻一代对扬州刺绣等传统手工艺的兴趣减少，工作室成员大多年龄较大，均已绣制 30 年以上，年轻一代对传统技艺的接纳和学习程度不高，导致传承人的老龄化问题加剧。随着城市化和现代化进程的加速推进，年轻人更倾向于选择与时代更为契合的职业和生活方式，而扬州刺绣需要长时间的专注和练习，这与现代快节奏的生活方式不太相符。另外，扬州刺绣产品一般价格昂贵，收藏居多，年轻人更倾向于选择更具市场竞争力的行业。

2. 销售模式较为单一，市场化不足

扬州刺绣主要依托"等"客户上门的销售形式，对扬州刺绣的发展存在不利影响。扬州刺绣的销售模式较为单一，缺乏多样化的市场渠道，主要是市场的局限性所致。传统的扬州刺绣产品主要以手工艺品的形式存在，销售渠道多以传统手工艺市场、旅游纪念品店等为主，较为局限。另外，传统销售模式的滞后也是导致扬州刺绣市场化不足的重要原因。在现代社会，随着电子商务和线上销售的兴起，传统的扬州刺绣销售模式相对滞后，缺乏与时代接轨的市场化手段和渠道。这使得扬州刺绣的市场化程度不高，难以满足现代市场需求。

3. 创新性有待提高，现代元素融合欠缺

当前，扬州刺绣样式以扬州八怪的作品为蓝本，大量保留了历史画稿的文化底蕴和丰富内涵，形成了格调高雅、浓淡相宜、活而不乱、飘逸传神的风格，具有很高的人文价值和艺术价值。但完全采用历史画稿在一定程度上限制了扬州刺绣的创新和发展，缺乏新的艺术表现形式和创作思路。另外，扬州刺绣缺乏与现代生活方式和审美相结合的元素，也是导致创新性不足的原因之一。

二、传承对策

1. 加大宣传教育

加强对扬州刺绣的宣传和教育，提高公众对传统手工艺的认知和兴趣，培养年轻一代对扬州刺绣的热爱。设立奖学金、补贴等政策，鼓励年轻人学习和传承扬州刺绣的技艺，同时推动师徒制度的发展，加强传承人之间的交流和合作。另外，可以推动扬州刺绣与现代生活方式融合，开发出更具市场竞争力和吸引力的产品，吸引更多年轻人投身其中。通过这些措施的实施，有望缓解扬州刺绣从业人员断层、年轻人少的问题，促进传统手工艺的传承和发展。

2. 拥抱市场，打造新型营销模式

扬州刺绣可以拓展销售模式，运用互联网等进行宣传，打造品牌知名度，增强客户黏性。在保留文化特色的同时，可以积极拥抱市场体系，推出盲盒、手办联名等产品。推动扬州刺绣产品的线上销售和电子商务发展，提高市场化程度。通过这些措施

的实施，有望提升扬州刺绣的市场化水平，拓展销售渠道，促进传统手工艺的传承和发展。

3. 多元设计，加大创新投入力度

加强扬州刺绣产学研合作体系，打造产业化的发展渠道，可以与学校、企业进行三方合作。在学校开展教学，培养年轻一代的兴趣，同时学生可以推动扬州刺绣产品的多样化设计和开发，结合现代审美和市场需求，使产品更具时尚感和现代性。融合现代工艺对于扬州刺绣的代代相传至关重要，也有助于推动其发展。举例来说，可以将钉珠、印花、手绘等工艺融入扬州刺绣中，迎合大众审美的同时降低成本，实现实用性与艺术性的完美结合。与企业方面合作销售模式，拓宽渠道认知，能够有效解决资金不足等问题。

第二章

苏州缂丝织造技艺

缂丝是中国丝织艺术品的典型代表，坊间有一寸缂丝一寸金的说法，由此可见缂丝的珍贵。据日本学者藤井守一先生研究考证，中国的缂丝织物远在彩陶土器时期（公元前 2500 年左右）就已存在，到商代（公元前 1600 年～公元前 1046 年）缂丝织物制作已很精良。1972 年，在湖南长沙马王堆汉墓中又发现了缂丝作品，其制作极为精美。2006 年 5 月 20 日，该织造技艺经国务院批准列入第一批国家级非物质文化遗产代表性项目名录，也被江苏省政府列入非物质文化遗产代表性项目名录（表 2-1、图 2-1）。2020 年，马惠娟被认定为江苏省非物质文化遗产代表性传承人（图 2-2）。2023 年，江苏省人力资源和社会保障厅将马惠娟工作室列为乡土人才大师工作室（图 2-3）。

表 2-1 项目简介

名录名称	苏州缂丝
名录类别	传统技艺
名录级别	省级
申报单位或地区	苏州市
代表性传承人	马惠娟

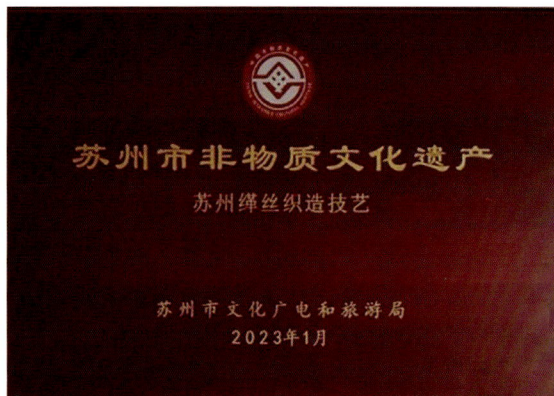

图 2-1 苏州缂丝织造技艺非物质文化遗产证书

图 2-2 苏州缂丝代表性传承人证书

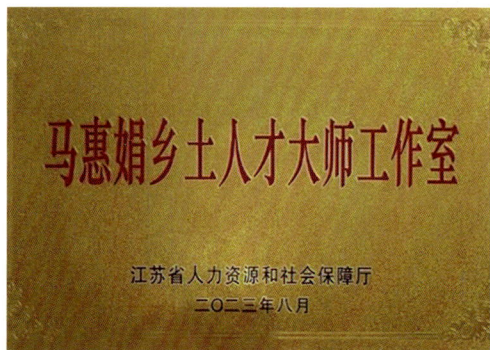

图 2-3 马惠娟乡土人才大师工作室

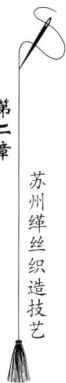

第一节 起源与发展

一、缂丝的起源

缂丝起源于西汉至南北朝时期的西域，缂丝工艺在唐代传入中原地区，由此发扬起来。宋朝经济发达，人口密集，文化底蕴深厚，缂丝技艺也随之在宋朝到达了顶峰。缂丝作品在宋以前多以实用品为主，在宋朝缂丝技艺逐渐从实用品制作开始转为艺术品制作，留下了众多缂丝经典的作品。比如宋代缂丝名家朱克柔的缂丝作品《莲塘乳鸭图》，可以达到"夺丹青之妙、分翰墨之长""胜于原作"的境界，即使在细微之处也可以感受到画面色彩的变化，远观是画，近看精巧。

但在宋朝之后，缂丝技艺水平出现了小幅度的下降，直至明清时期，虽然缂丝作品的颜色更加鲜艳，但是缂丝作品多是缂绘相结合，并且以绘为主，缂为辅，大范围地使用绘画。故宫藏乾隆缂丝加绣《观音像》就是非常明显的缂丝和绘画相结合的作品。

中华人民共和国成立后，缂丝技艺在政府的扶持下逐渐复苏。1954 年，吴中缂丝首次在苏州市民间工艺品展览会上亮相，老艺人沈金水在拙政园内表演缂丝技艺，受到观众盛赞，古老的传统技艺由此引起社会重视。同年，市文联成立了刺绣小组，王茂仙、沈金水等艺人应邀加入。随后，刺绣小组演变为刺绣合作社。翌年，为扩大生产规模，又招募徐祥山、张玉明、沈根水、赵金水等十二人为新社员。后又从陆慕、蠡口等地招收缂丝艺人，建立了缂丝小组。

1957 年，吴县刺绣生产合作社为提升缂丝品档次，专门组织力量设计画稿，聘请孙雪英、沈根宝等缂制屏风、中堂等装饰品，尝试开拓国际市场。这些样品在广交会和天津小交会上获得西欧客户小量订货。1958 年，蠡口乡姚祥村组织村民生产缂丝制品，初期仅 20 台织机。当年迁址镇北街，更名蠡口缂丝厂（隶属蠡口丝织厂），拥有织机 40 多台，艺人也增至 40 多人，产品全部由吴县工艺美术公司包销，出口欧美和韩国。三年困难时期，蠡口缂丝厂因国家工业布局调整而被解散，艺人回村务农，少数人则流向新疆等地织造地毯。而此时，市区有年轻缂丝名手王金山，代替师傅应邀赴京，为故宫博物院复制沈子蕃名作《梅花寒鹊图》，受到高度评价，充分显示出苏州缂丝的水平，成为缂丝艺人的骄傲。改革开放之后，出现了大量日本缂丝和服腰带订单（图 2-4），促使缂丝技艺重现辉煌。由于缂丝技艺无法使用机器，所以缂丝作品在当代依旧很昂贵，属于艺术品而非实用品的范畴，现在较便宜的缂丝作品多与清代作品相似，一幅作品的 70% 为绘画，30% 为缂丝。

图 2-4　缂丝和服腰带

二、缂丝的发展

缂丝的传承谱系见表 2-2。马惠娟（图 2-5），女，汉族，2020 年被确认为江苏省第五批省级非物质文化遗产代表性项目苏州缂丝织造技艺代表性传承人。她从小随母亲学习刺绣，掌握民间刺绣针法。1972 年进入吴县机绣厂。改革开放之后，中国大量涌入和服缂丝订单，吴县机绣厂也出现了和服订单，马惠娟被挑选成为第一批艺徒，师承沈根娣、陈阿多、徐祥山，精通明清技法。1983 ~ 2003 年，马惠娟担任缂丝总厂缂丝研究所技术总监，2003 年退休，继续从事缂丝制作、传承与研究，并于 2014 年正式建立马惠娟缂丝文化艺术研究所。马惠娟精通缂丝平缂、勾缂、搭梭、长短戗等传统技法，经过近 40 年的摸索完善，参合戗、长短戗、合花线技艺在缂丝织造中娴熟搭配，作品表现自然逼真，接近绘画，还能精妙地表现中国传统泼墨画的神韵。另外，在缂织中横向不断采用搭梭技艺，避免了作品出现竖纹水路，使作品更加挺括。马惠娟还对缂丝技艺进行了系统的整理，在区政府的支持帮助下完成了《中国缂丝》，多幅作品被博物馆收藏（图 2-6）。

表 2-2　缂丝的传承谱系

代别	姓名
第一代	陈阿多
第二代	马惠娟
第三代	肖锋

图 2-5　缂丝传承人马惠娟女士

图 2-6　马惠娟缂丝作品所获收藏证书

受母亲的影响，以及从小的耳濡目染，2005 年马惠娟的儿子肖锋（图 2-7）辞去了原来的工作，全身心地投入缂丝的学习与创作中。如今，肖锋已逐渐形成了自己的缂丝方式和风格，他的缂丝作品色彩明快又不失沉稳。目前肖锋继承了马老师的缂丝技艺并且通过多种途径发扬光大。首先缂丝不再仅仅局限于以中国古代名人山水画为底稿，也结合了现代特点将水彩画作为底稿。其次肖锋拓展了缂丝的售卖方式，在苏州的诚品书店有缂丝展馆对缂丝作品进行售卖，以及通过抖音、今日头条等平台加强对缂丝的宣传。

图 2-7 缂丝传承人肖锋先生

目前马惠娟女士工作室有 6 ~ 7 人，其中年龄最小的 22 岁，这位年轻人正是被马惠娟女士的艺术成就所吸引，特意来拜师学艺的。马惠娟女士平时还积极参与非遗活动，其作品获得了多个奖项（表 2-3）。

表 2-3 马惠娟女士所获部分荣誉一览表

获奖时间	奖项名称	颁奖单位	证书
2007 年 12 月	第八届中国工艺美术大师作品暨工艺美术精品博览会上获得 2007 "百花杯"中国工艺美术精品奖金奖	中国工艺美术协会	
2014 年 11 月	缂丝作品《乐山乐水》获首届中国（苏州）民间艺术博览会精品奖	中国文艺家协会	
2021 年 7 月	《拟华嵒竹石牡丹红木缂丝挂屏》《白石群虾图》参加"百年百艺·薪火相传"中国传统工艺邀请展	文化和旅游部非物质文化遗产司	

第二节　风俗趣事

一、传统风俗

缂丝被称为"织中之圣者"，缂丝从宋元开始，成为皇家御用织物之一，更是皇室华服的代名词，常用来织造帝后在重大场合穿着的吉服或朝服。缂丝在《红楼梦》中也经常出现，尤其以凤姐儿身上的衣物居多，用来烘托她恍若神仙妃子的华美姿态。

第三回黛玉进贾府，只见凤姐儿"身上穿着缕金百蝶穿花大红洋缎窄裉袄，外罩五彩刻丝石青银鼠褂，下着翡翠撒花洋绉裙"，这段经典描写中提到的"刻丝"即"缂丝"。

南宋时期，平江府（苏州）人口密集、经济繁荣、文化底蕴深厚。境内盛产生丝，其丝线韧性好、强度高，是制作缂丝的上好材料。在富庶的经济、文化与民间技艺高度融合的背景下，缂丝在江南迎来了黄金时代。缂丝织品开始以摹缂名人书画为上乘，从实用走向纯艺术品领域。彼时缂丝名匠多出江南，如松江朱克柔、吴郡沈子蕃和吴煦等，其缂品达到了"夺丹青之妙、分翰墨之长""胜于原作"的境界。一幅幅山水、花鸟缂织画作从艺人们的一针一线中诞生，细枝末节处亦可细细品味，远观是画，近看精巧，意趣十足。这一古老的手工艺世代沿袭，留下不少传世佳作。清代沈初的《西清笔记》中提道："宋刻丝画有绝佳者，全不失笔意，余尝得萱花一轴，以进花光石，色黯而愈鲜，位置之雅，定出名手。"

二、传统趣事

关于缂丝，有一个有趣的传说。据说有一位名叫巧生的工匠，一次偶然的机会，他从换来的破布头中发现一片正反面都有相同花鸟图案的旧布片，既不像织锦，又不像刺绣，图案柔和悦目。他决定学习这种手艺，在跋山涉水去求艺的途中，巧生在荷塘边帮助一位姑娘捞回被水冲走的衣服。为表示感谢，姑娘送他一颗莲籽，并向他展示了用莲花、莲叶制作成丝线和梭子来织丝绸的独特技艺。后来，姑娘留在巧生家，把手艺传授给他，他们把这种织法取名为"合丝"，表示是两个人合作的。由于苏州人把"合"读成"革"的声音，后来人们就叫它"缂丝"了。

第三节　制作材料与工具

一、制作材料

缂丝技艺的特点是通经断纬，所谓经线就是素色的丝线，不参与整体画面的构成，纬线就是彩色的丝线，画面轮廓和色彩由纬线完成。所以缂丝需要的主要制作材料就是白色和彩色的丝线（图2-8、图2-9）。

二、制作工具

缂丝所使用的主要制作工具有梭子、织机、剪刀。

图2-8　白色丝线

图2-9　彩色丝线

1. 梭子（图 2-10）

将丝线装入梭子中进行织造处理，每换一个颜色都需要换梭子，不过梭子可以持续使用，只需更换梭子里面的线即可，织一个复杂的作品所需要的梭子多达上百个。

2. 织机（图 2-11、图 2-12）

由于缂丝需要用到通经断纬的技巧，所以要将丝线穿过纬线，并且在小范围内用拨子将丝线缂紧，从而达到交织在一起的效果。正所谓变一色，换一梭，所以所用的织机机床比较大。

3. 剪刀（图 2-13）

在缂丝织造完成之后，缂丝背面会出现很多线头，由于缂丝正背面是一样的，所以需要用剪刀将多余的线头剪去。

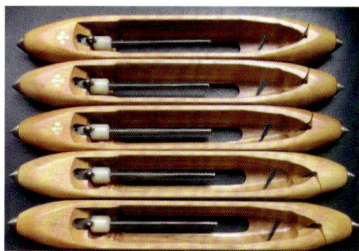
图 2-10 梭子

图 2-11 织机结构示意图

图 2-12 织机实物

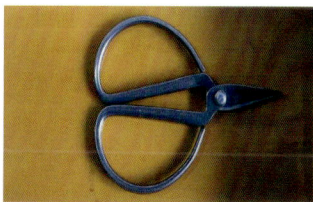
图 2-13 剪刀

第四节　制作工艺与技法

缂丝的技艺流程包括整理经线、穿经线、刷经面、画稿、配线、摇线装梭、织造、修毛八步。

一、整理经线

将素色的经线排列整齐，整理至无打结。如果经线整理不好，中间出现打结，会造成后续织造的麻烦。

二、穿经线

将每根经线穿入竹筘中，每一根经线要穿过每一根竹筘的缝隙，一根线对应一个缝隙，不能重复也不能跳行（图2-14）。

三、刷经面

用刷子将经面刷整齐，使经面整齐无打结（图2-15）。

四、画稿

结合缂丝制作的特点，将原画临摹或拷贝成线描稿。用笔将线描稿纹样描在经面上，或固定在经面下方（图2-16），然后按照画稿进行织造。

图2-14　穿经线　　　　　图2-15　刷经面　　　　　图2-16　画稿

五、配线

根据原画的不同色调，考虑到不同丝线在整个画面中的配色，缂丝织造过程中使用的纬线可以多达上百种。为了使作品更接近原稿，织造之前，织造者需要对画稿进行整体解读和深入理解。

六、摇线装梭

根据配好的颜色将线分别摇绕到竿子上，然后装入梭子中，开始制作。竿子可以装到梭子里面进行替换，如果需要换线，直接把竿子进行替换即可（图2-17、图2-18）。

图2-17　摇线装梭　　　　　图2-18　装好线的梭子

七、织造

使用梭子进行织造，用大梭子进行通经，小梭子进行局部的精细图案的制作。在通梭的同时，一只手捻线，线的松紧也需要调节和把握，如果太紧，线容易蹦出画面，如果太松，画面容易显得松垮。纬线需要包裹经线，线的松紧不同，整体的色彩和画面也会有不同（图2-19）。

八、修毛

修毛即将多余的线头修剪掉（图2-20）。将缂丝背面的线头一根根剪掉，促使其和正面图案一样平整，缂丝图案的复杂程度和线头的数量呈现出正向关系，缂丝图案越复杂，线头数量越多。

图2-19 织造

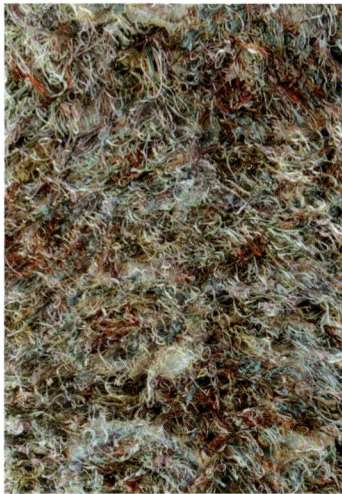

图2-20 缂丝织造后多余的线头

学徒首先从学习打素锦开始练习基本功，即先通经而不断纬，中间纬线不会中断，从头到尾是一条线条来练习纬线的疏密度。基本功练习一年之后，再制作小片的作品来入门，入门需要花费3~5年时间。

缂丝的配色和织造有多种技巧。拼色捻丝，用两色或者两色以上的色丝捻成一股线，区别于正常的配线，其需要多"捻"这一道工序，促使色彩可以更加柔和地融入整体画面和色彩之中，而根据"捻"的程度不同，最后画面所呈现的色彩也是不同的。

短戗，主要用于比较精细部分的晕色，是独属于缂丝的戗色技艺，色彩深浅过渡在几根经线之间，用平戗或者乱戗的手法缂织，使颜色的过渡更加自然。

顺梭卡丝，在缂织戗色的过程中，让不同或邻近色丝的一丝或两丝与其中一根纬线走向相同，并卡在其中，促使晕色过渡更加自然。

勾缂，多用于图案的边缘，主要是用于主体纹样色彩的另一种色丝缂出明显的边界或者轮廓线，可以实现划分色彩层次和不同纹样的效果。

第五节 工艺特征

一、通经断纬

缂丝，这一古老而独特的织物，以其别具一格的"通经断纬"技艺脱颖而出。所谓"通经"，是指采用本色生丝作为纵向的经线，这些经线贯穿整个织物的幅面，形成坚固的骨架。生丝作为经线，不仅强度高、弹性好，还赋予缂丝成品独特的挺括质感。"断纬"则是以柔软的彩色熟丝作为纬线，在织造过程中，通过众多梭子的巧妙引导，这些色彩斑斓的纬线在经线的不同区域间来回穿梭，编织出繁复精美的图案。正因如此，缂丝能够自由变换色彩，展现出细致入微的色彩过渡与转折，层次丰富，装饰效果灵活多变，尤其适合制作书画作品，其呈现的物象生动逼真，与绘画艺术有着异曲同工之妙。

缂丝织物的结构精妙绝伦，遵循着"细经粗纬""白经彩纬""直经曲纬"的原则。在织造过程中，经线被绷紧，而纬线则保持一定的疏松度，使纬线能够完全缠绕在经线上，确保图案的细腻与完整。这种"直经曲纬"的工艺特点，赋予了缂丝工艺品古朴典雅的色彩，同时其坚厚耐磨的特性也使其能够经受住时间的考验，利于长期保存。

二、表里如一

缂丝作品种类繁多，主要分为复刻古代缂丝、复刻名家古画以及创新作品等几大类。其中，复刻古代缂丝和名家古画作品多以博物馆中的馆藏艺术品为底稿，这是因为缂丝实用品在时间的流逝中会逐渐磨损，难以长久保存。而现代缂丝作品则更多地选择名家画作作为创作灵感，如马惠娟工作室便不仅以中国画为底稿，还尝试以现代艺术作品如水彩画为底稿进行创作。这些底稿并不会直接绣在经面上，以免在织造过程中受损，而是巧妙地放置在绣品下方作为参照。

值得一提的是，缂丝作品的正反面均呈现出精美的图案，这是其与其他织物最为显著的区别之一。普通的织物往往只有一面有图案，而缂丝作品则正反面图案完全一致，这并非刻意为之，而是缂丝技艺本身的独特之处。此外，缂丝对精密度要求极高，一旦在织造过程中出现错误，无法像苏绣那样直接在错误的丝线上覆盖正确的丝线进行修整，而需要重新编织整个作品。因此，在织造前，缂丝艺人必须对整体的画面和色彩有精确的把握。

辨别缂丝作品真伪的最简便方法是在逆光或自然光下仔细观察该作品，若在作品轮廓边缘和颜色变化的交织处，能看到通经断纬的断孔（图2-21），那么便可断定该作品为缂丝。这一特点使得缂丝作品在众多的丝织品中独树一帜，彰显出其独特的魅力与价值。

图 2-21 缂丝通经断纬的断孔

三、纯手工编织

作为传统的手工织造工艺，缂丝的魅力在于其无法被机械所替代的纯粹与独特。每一件缂丝作品都是艺人用心血与汗水织就的艺术品。其技艺要求极高，易学难精，即便技艺已臻成熟的艺人，一天也只能织出几厘米的精美图案。摹缂书画作品更是对艺人的技艺与艺术悟性提出了极高的要求。

令人惊讶的是，缂丝的制作工具却异常简单。一台缂丝织机，上挂两片平纹综片，下有两根平纹脚竿，机身设有卷取轴和送经轴。在织造过程中，艺人端坐在织机前，根据预先设计勾绘在经面上的图案，手持梭子来回穿梭织纬，用拨子将纬线排紧。这一过程，需要艺人两手交替进行，穿梭时既不能跳梭，也不能夹底梭，拉线条要不松不紧，避免穿紧梭，拨纬线要结实、均匀、不稀边、不拉经，边线要整齐，线条要平而直。这一切都需要艺人手脑并用，才能达到技术与艺术的完美融合。

第六节 作品赏析

古代缂丝分为两类，一类是将缂丝当作实用品，比如乾隆皇帝墓中的乾隆缂丝梵字陀罗尼黄经衾，这类作品由于使用频率过高，流传下来的极少。另一类是将缂丝当作艺术品，比如宋朝的《莲塘乳鸭图》。古代缂丝艺术品多以复刻山水画为主，现代缂丝作品有了较大的改变，不仅复刻博物馆中留存至今的缂丝作品，还会将缂丝纹样进行创新，做出类似西方水彩画的缂丝作品。

一、古代缂丝衣物

古代缂丝多作为实用品。现在流传下来的最为著名的缂丝实用品是乾隆缂丝梵字陀罗尼黄经衾，它是一件与释迦牟尼舍利子相并列的佛教圣物，也是与清朝慈禧太后口中夜明珠相并列的稀世之宝，是清乾隆时期宫廷缂丝精品，历经数百年仍保存完好（图2-22）。

图2-22　乾隆缂丝梵字陀罗尼黄经衾

二、古代缂丝摆件

宋朝以后，缂丝多被作为艺术品欣赏，此时的缂丝作品多是以名家画作为底稿，其中最出名的是南宋朱克柔创作的缂丝作品《莲塘乳鸭图》，现收藏于上海博物馆。作品内容是莲花盛开的池塘中，以游戏争食的母鸭为中心，岸边的白鹭和翠鸟与之相映成趣，蜻蜓飞舞，草虫唧唧。把游禽、飞鸟、草虫、花卉等自然生态和奇山怪石、潺潺流水等自然景色，浑然结合在一起，可谓是巧夺天工，精妙绝伦。此缂丝画幅极大，色彩丰富，丝缕细密适宜，层次分明，是朱克柔缂丝画中的杰作。

《莲塘乳鸭图》不但内容丰富，而且布置合乎庭院真实布景：第一，植物都为水生或沼生，喜温暖潮湿环境，而且莲塘和坡地上的植物都属于观赏性的花卉，有荷花（红蕖）、白莲（白蕖）、木芙蓉（芙蓉）、萱草、慈菇、石竹、白百合、芦苇（蒹葭）、玉簪等，应为人工造景；第二，水禽蜓龟也是池塘湖泊常见的生物，有绿头鸭公母一对、乳鸭一对、白鹭一对、燕子一只、翠鸟一只，另有红蜻蜓一只、水龟一对；第三，池塘边站立的以"透、漏、皱、瘦"为美的太湖石，也是人工打捞，置于庭院装点。马惠娟女士曾经受香港富商邀请，复刻了该图。

图2-23～图2-26所示为古代经典的缂丝作品。

图2-23　《莲塘乳鸭图》

图2-24　花鸟图

图 2-25　古代鸟树图

图 2-26　麻姑像

三、现代缂丝作品

现代缂丝作品跳出古代仅使用名人书画作为底稿的做法，用现代水彩画作为底稿（图 2-27），并且和当今人们的生活相结合，制作出很多小摆件（图 2-28、图 2-29）。

图 2-27　现代缂丝作品——苏州桥

图 2-28　现代缂丝摆件（一）

图 2-29　现代缂丝摆件（二）

第七节 传承人专访

为进一步深入研究并继承和创新非物质文化遗产缂丝，笔者深入江苏苏州调研，并专访了缂丝第二代传承人马惠娟和第三代传承人肖锋，以下为此次专访内容。

一、您是怎样接触到缂丝技艺的？

马惠娟：我小时候和母亲学过刺绣，1972年进了专门做刺绣的国营厂，工厂里面有刺绣研究所，在中国和日本建交之后，出现了和服订单，厂里找了6个老师傅，一对一地进行教学。因为我之前就学过刺绣，所以在一个月之后，我的素锦就做得很好，2~3个月之后，我可以开始独立做简单图案的和服腰带。

当时的货品需要验货，我第一件作品就是二等品，当时和服腰带的轮廓比较简单，偏向于实用品，不像现在的艺术品。日本的订单多为和服腰带，我做了一个和服腰带之后，就成为小师傅，开始带徒弟。1984年，我被派去日本交流学习和进行缂丝表演。在日本那次学习，对我影响很大，我惊奇地发现缂丝竟然可以做得和画一样，不再局限于和服腰带这类实用品，而是像绘画的艺术品。我回到工厂之后，和工厂进行汇报。我当时已经具有良好的缂丝基础，所以厂里成立了专门的缂丝书画小组，我被调入该小组专攻缂丝。

20世纪70年代，香港富商霍英东带着女儿霍丽娜参观上海博物馆，霍丽娜看到宋代朱克柔的缂丝作品《莲塘乳鸭图》，想要复缂一幅。于是，这个任务被分配到了苏州缂丝厂，后来落到了我的手中，我的师傅说如果我做不了，就没人可以做。那个年代，看原作需要开介绍信，厂长给我开了介绍信，我看了原画之后，心里已经有了盘算。由于宋代色彩提炼技术没有那么先进，色彩颜色较淡，所以我饾色的时候就比较倾向于较为淡的颜色。在做过这个大幅缂丝作品之后，我对于后来的缂丝作品更加有信心了。

我目前的状态就是，不急不躁，慢慢去磨，对细节也抠得很细，希望人们在看到我的作品时会评价"那个年代缂丝已经做得这么好"，就可以了。希望能够将自己的精力全部投入缂丝当中，将五十多年的经验全部融进缂丝。

二、您的工作室目前有多少人？

马惠娟：工作室人数7~8人，由于两个人需要照顾家庭，所以会在家里面进行缂丝创作。目前我的儿子也是我的徒弟，其中有4个徒弟是当年从做和服腰带转过来做缂丝的。一个女生较为年轻，才 21 岁，还在大学实习期，是在看了《我在故宫修文物》之后，主动在附近租房子留下来学习技艺。

三、您是什么时候成立这个工作室的？

马惠娟：国企转制后，我当时还有一年不到就要退休了，工厂希望我留在厂子里，但是我对于缂丝有感情，而且同事都走了，我也想离开工厂了。回到家里之后，我开始自己选择题材进行创作，有人慕名上门来定制作品，还有台北故宫博物院来定制作品。

当时有一个收藏家专门跑到乡下找我，让我做十几块缂丝作品。20 世纪 80 年代末，村村有缂机，因为当时和服腰带订单很多。我工作室中有两个人是从和服腰带那里转过来的，我带着她们做艺术品，先让她们做简单的小片的艺术品，后来逐步扩大，她们两个专门做缂丝艺术品也已经有 20 年了。

四、目前缂丝技艺的传承情况怎么样？

马惠娟：现在的传承人主要是我的儿子肖锋。我儿子当时大学毕业工作后，看到我很忙，他就休息时回来帮我整理稿子。他从小就在我身边，耳濡目染，对缂丝很感兴趣，后来就辞职，专门和我一起做缂丝，我当时感觉很舍不得，因为他的单位很好。我的年纪慢慢大了，年轻人可以接上来，我十分开心，这样缂丝才能进一步得到传承。

其实缂丝技艺比较难学，首先心要静，其次还需要考虑到收入来源的问题。因为缂丝学习过程太长，一幅作品花费时间也长，每天需要花费大量时间坐在那里。手工艺的东西是需要你慢慢做的，需要一梭子一梭子地做，一天至少需要工作 8 小时。目前缂丝技艺是有年轻人来学，就像我刚刚提到的我们工作室新来的那个小姑娘，但是首先需要练习一年的基本功，之后再花费 3 ~ 5 年去入门。所以目前主力还是中年人，是 40 岁以上人群，真正年轻人有，但是较少。

五、您选择传承人的标准是什么？

马惠娟：首先看个人的意愿，比如工作室刚来的小姑娘，她愿意学，可以来一个月试一下，如果想学习缂丝的话，需要花 3 年左右入门，之后是靠自己的悟性慢慢提高。所谓师父领进门，修行在个人，它不像苏绣一样对入门要求比较低。我们对于缂丝传承人要求基本功扎实，这样才能够慢慢学会色彩的变化，比如花的轮廓，花的外面是不是圆，色彩晕染是不是正常，都需要靠徒弟个人的悟性，这很重要。因为对于收藏家来说，首先是画的内容符不符合审美，其次看工艺，即线条处理得好不好，色彩晕染得到不到位。

六、目前主要的销售渠道是什么？

肖锋：销售方式主要分为定制和零售两种。我们在苏州工业园区有实体店，线上淘宝目前还没有，其实淘宝上面的缂丝作品大多是工艺品不是艺术品，比如淘宝上的缂丝扇子多是缂绘相结合，价格就较为便宜，多为几百元。而一把缂丝的扇子往往是几千块，但是在淘宝上懂行的人和不懂行的人都不会买，除非有人尝试过了觉得不错才会买，但是回头客也很少，不懂行的人觉得贵，懂行的人需要看实物。

所以我们目前主要以线下为主，希望顾客可以看到缂丝的成品，才能看出缂丝的独到之处，但是线上也有一定的介绍推广，目的就是让大家了解缂丝，比如今日头条等平台，主要是作为辅助的手段。

七、在传承的过程中政府有给予了什么帮助？

肖锋：近年来，政府在扶持力度上持续加大，无论是国家层面还是地方政府层面，都给予了很大的帮助。在宣传方面，政府不仅通过新媒体渠道进行广泛传播，还积极打造创意店铺和街区，为地方特色和文化注入新的活力。此外，政府还提供了资金上的支持，虽然数额可能有限，但这样的支持对于非遗的发展仍然是不可或缺的。总体而言，政府在推动非遗发展方面发挥着重要的作用。

八、向母亲学习缂丝的过程中，有遇到什么困难？

肖锋：困难主要是对于画面的把控，有很多东西不是单一的颜色，有些东西没有规律。如果是类似工笔这种比较有规则的，比如说叶片，就是沿着中间慢慢地晕染开来，从深到浅，就较为简单。但是水墨没有规律，需要自己去思考如何表现出来写意的意境，比如水彩的缂丝，写意的意境比较浓，色彩搭配要求较高，需要很长时间的积累，才可以掌握。与画画或者像刺绣，不同缂丝制作必须是从下至上地进行，虽然做的时候有错落，但是总体来说还是从下到上，所以配线的时候，需要看几十遍稿子才可以开始正式制作，需要看透了，看明白了才行。

九、你们参加过什么活动？

肖锋：每年都参加好多活动。跟我们有关的非遗活动都会去参加，这个是必须要做的事情。既要坐下来耐心地进行缂丝作品制作，又要走出去让大家看，让年轻人了解缂丝，不能纯粹窝在家里不走出去。

十、未来对缂丝传承和制作有什么想法和打算吗？

肖锋：在自己能力范围内，主要还是专注把手艺做精，把传承做好，我想这才是最重要的。

第八节 传承现状与对策

一、传承现状

（一）缂丝传承出现断层

目前专门从事缂丝技艺的工作者较少，且出现年龄的断层，使缂丝技艺在传承技艺和技术更新上均出现了断层。缂丝传承所花费的时间很久，培养一个年轻人所花费的时间也比较长。很多年轻人由于自身的原因不愿意传承缂丝技艺，导致缂丝缺少年轻的传承者。

（二）缂丝工艺复杂

就工艺而言，缂丝易学难精，具有织造工艺繁复、生产周期长、成本高等特点，导致缂丝工艺难以量产，生产规模较小。其织造工艺精湛，但过程枯燥，制作人员必须有耐心、够细心；缂丝制作周期较长，成本相较于其他丝织品较高，因此对制作者的技巧和审美水平要求极高。宋人庄绰《鸡肋编》言："定州织刻丝，不用大机，以熟色丝经于木桢上，随心所欲地作花草禽兽状。以小梭织纬时，先留其处，方以杂色线缀于经纬之上，合以成文，若不相连。承空视之，如雕镂之象，故名刻丝。如妇人一衣，终岁可就。虽作百花，使不相类亦可，盖纬线非通梭所织也。"在快节奏的现代社会，很少有年轻人愿意学习这门复杂的技艺，仅有少部分技术精湛的织工掌握缂丝技艺。传承人对于缂丝工艺的发展至关重要，是非物质文化遗产最重要的、具有生命力的活态载体。目前，缂丝工艺面临传承断层的危险，艺人老龄化明显，全国的缂丝从业人员不到 300 人，其年龄大部分都在 40 岁以上。缂丝工艺正面临后继无人和失传的困境。

二、传承对策

（一）培养年轻的缂丝从业者

目前缂丝从业者较少，所以政府可以采取多种渠道对缂丝技艺进行宣传。在现在这个社会，酒香也怕巷子深，所以必须由政府对缂丝技艺进行宣传，使大家知道有这样一项优秀的传统技艺存在，激发年轻人的兴趣。与此同时，政府应该积极主动地举办各项免费培训班，使年轻人可以直接学习到最新的缂丝技艺，将优秀缂丝技艺传承下去。缂丝传承人马惠娟女士积极参加各类活动，宣传非遗，对于慕名而来想学习的年轻人悉心教导（图 2-30、图 2-31）。

图 2-30　马惠娟女士在
教导年轻人

图 2-31　工作室的年轻人
正在织造

（二）缂丝与包装设计结合

苏州缂丝作为我国优秀的非物质文化遗产手工艺项目，具有鲜明的地域性、文化性、社会性特征。从图像视觉的角度来说，缂丝作为一种高端手工艺品，主要受众群体是高消费人群，将缂丝的常用纹样通过现代的审美方式进行再设计之后，运用于包装设计上，转变为大众均能看得见、看得懂的视觉图形，将缂丝高端产品消费转为包装图像消费，将丰富的缂丝文化运用于包装设计中，可以促进缂丝的文化传承。

（三）构建多层次教育体系

通过构建多层次的教育体系促进缂丝的传承。在中小学阶段，可以通过开设手工艺、传统文化等相关课程，让学生初步接触和了解缂丝技艺，激发其兴趣和好奇心。通过举办展览、讲座等活动，让学生亲身体验缂丝的魅力，培养年轻一代的文化自信和艺术素养。在高等院校中，可以设立与缂丝技艺相关的专业或课程，如纺织工程、艺术设计、非物质文化遗产保护等，将缂丝技艺作为重要教学内容之一。通过系统的理论学习和实践操作，培养具有扎实专业知识和高超技艺的缂丝人才。而对于已经从事缂丝制作的从业人员，可以通过举办培训班、工作坊等形式，给他们提供继续教育和技能培训的机会。邀请知名缂丝艺人、专家学者等授课，传授最新技艺和行业动态，提升从业人员的专业素养和技能水平。

第三章

苏绣（仿真绣）

中国有苏、湘、蜀、粤四大名绣。仿真绣源于苏绣，仿真绣的画稿对象为油画、照片和自然界的物体，借鉴西洋油画的用光、用色和明暗关系，用中国传统的刺绣针法和绣线来表现西方艺术。其色彩比传统的苏绣更加丰富，用丝线的自然光泽与独特的针法、明暗关系来展示刺绣作品的变化。苏绣（仿真绣）在 2007 年 3 月被列为第一批江苏省非物质文化遗产代表性项目名录（表 3-1），2008 年入选第二批国家级非物质文化遗产代表性项目名录。2008 年 11 月，张蕾女士被认定为江苏省非物质文化遗产南通仿真绣的代表性传承人（图 3-1）。苏绣（仿真绣）有多个称呼，因其是由沈寿创造的，所以也被称为沈绣。

表 3-1　项目简介

名录名称	苏绣（仿真绣）
名录类别	传统技艺
名录级别	省级
申报单位或地区	南通市
代表性传承人	张蕾

图 3-1　苏绣（仿真绣）代表性传承人证书

第一节　起源与发展

一、苏绣（仿真绣）的起源

民国时期，中西结合浪潮兴起，刺绣作为中国传统文化的一部分也受到了西方浪潮的影响，仿真绣就是在中西结合的浪潮下出现的绣品新形式。仿真绣属于苏绣，是苏绣的最高表现形式，是绣品的一个创新，出现至今已经有 100 年左右的时间。仿真绣是在继承传统苏绣的基础上吸收西洋画的用光、用色及明暗关系，来表现作品，

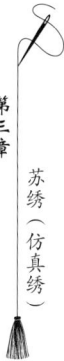

从不同角度看会产生不同的艺术效果，充分体现了刺绣针法与绣线灵活运用的工艺美感，有着很强的艺术表现力，形成了独特的艺术门类。

仿真绣是由沈寿女士（图3-2）在苏绣基础上进行的创新。

图3-2 沈寿画像

沈寿（1874—1921），初名云芝，号雪宧，1874年出生于儒商家庭，客居通州（今南通），随父亲识字读书，十六岁时绣艺已经名震苏州，光绪三十年（1904年）其绣品作为慈禧太后七十大寿的寿礼上贡，慈禧赐名为沈寿。后来沈寿到日本考察，发现素描的明暗关系的表达方式特别新颖，她觉得如果用中国的针法进行表达的话，会更加细腻和精致。沈寿回来之后将绣稿进行了更改，原先中国的绣稿都是国画，不会将铅笔画、素描、油画作为绣品的底稿。沈寿在受到西方艺术的熏陶之后，选择油画作为底稿，绣制了很多作品。1911年，沈寿绣成《意大利皇后爱丽娜像》（图3-3），作为国礼赠送意大利，轰动一时。

图3-3 《意大利皇后爱丽娜像》

沈寿曾说："天壤之间，千形万态，但入吾目，无不可入吾针，即无不可入吾绣。"世界博览会在南京召开时，张謇看到沈寿的作品之后觉得十分新奇，1914年，张謇将沈寿请到了南通进行授课，从此南通就开启了苏绣的升级，也实现了院校的传承。原先沈绣只是作坊式的传承，即在政府里建立的独属于官员子女的学校来培训沈绣，培训范围较小。后来和女子师范学校结合起来，出现了第一所职业女子学校，与此同时，南通的沈绣开始由实用型转变为艺术型。1921年，由沈寿口述，张謇执笔的第一部完整的刺绣理论著作《雪宧绣谱》（图3-4）出版。

图3-4 《雪宧绣谱》

二、仿真绣的发展

1914年10月，实业家张謇创办了中国第一所刺绣职业学校——南通女工传习所。图3-5所示为南通女工传习所学员佩戴的胸章。传习所不仅学刺绣，还学习国文、家政、算数、美术和音乐等课程，第一任校长就是沈绣的创始人沈寿。中华人民共和国成立以来，当年女工传习所的学员继承沈寿的精神，以师带徒的形式继续培养新人。本次采访的传承人张蕾女士的祖母庄锦云女士（图3-6）就是当时传习所的一个学员，通过在学校的认真学习，庄锦云女士掌握了仿真绣的相关技艺，并且将其传给自己的孙女张蕾女士（图 3-7）。张蕾女士将仿真绣发扬光大，她不仅是仿真绣的省级传承人，也是江苏工程职业技术学院的教授，目前还担任沈寿刺绣传习馆馆长。表 3-2 所示为苏绣（仿真绣）传承谱系。

图 3-5　南通女工传习
所学员佩戴的胸章

图 3-6　南通女工传习所
第十四期学员庄锦云

图 3-7　苏绣（仿真绣）
传承人张蕾女士

表 3-2　苏绣（仿真绣）传承谱系

代别	姓名	性别	传承方式
第一代	沈寿	女	自创
第二代	沈立	女	祖传
第三代	庄锦云	女	师授
第四代	张蕾	女	祖传

　　1959 年，闻名全国的南通工艺美术研究所成立，研究所集刺绣研究、设计、研发、加工、销售于一体，在 20 世纪 80 年代初成为南通的主要文化产业基地和对外交流窗口，培养了一批又一批优秀的刺绣工作者与设计师，使当代南通的刺绣艺术独树一帜，成为仿真绣的传承之地。2008 年，仿真绣作为苏绣的扩展项目被列入国家级非物质文化遗产代表性项目名录。图 3-8 所示为南通帮手工业干部训练班学员的照片。

图 3-8　南通帮手工业干部训练班学员照片

1992年，南通市沈寿艺术馆（图3-9）建立，坐落在美丽的濠河边，艺术馆旁有沈寿女士的雕像（图3-10），后来南通沈寿艺术馆秉持着沈寿女士的精神，多次制作刺绣作为国礼送给外国元首。2007年，江苏工程职业技术学院引进仿真绣大师庄锦云刺绣设计工作室，并于2012年创办沈寿刺绣传习馆（图3-11）。目前该馆藏有明清时期刺绣物件、服饰等2000多件，是南通市非国有博物馆。该馆以仿真绣为媒介搭建创新创意平台，建设非物质文化遗产资源转化利用基地，研发了一大批特色刺绣艺术、文创、服饰作品。

图3-9 沈寿艺术馆

图3-10 沈寿雕像

图3-11 沈寿刺绣传习馆

2007年，作为全国百所示范性高职院校之一的南通纺织职业技术学院，从南通博物苑引进了刺绣工艺美术名师、国家级非物质文化遗产仿真绣传承人、沈寿嫡传弟子庄锦云大师（中国近代九位著名刺绣艺术家之一，江苏省工艺美术大师）的后代，同时将其祖上建立的庄锦云大师工作室一并迁入学院。在此基础上，成立了南通纺织职业技术学院仿真绣研究所，通过学院研究所与大师工作室的一体化平台，贯彻保护、传承与发展的思路，为仿真绣开辟了通过高职教育传承与发展的新路。

为推进南通仿真绣的保护工作，加强传承基地建设，南通纺织职业技术学院（简称南通纺院）成立了传承基地，与南通博物苑、南通沈寿艺术馆、南通天香绣工艺品有限公司一起被南通市文化局列为南通仿真绣传承基地。在南通纺院文博馆内成立了沈寿刺绣传习馆，传习馆内配备了绣制作品的丝线、绣花针、绷架等材料和工具，教学用的设施，墙上和展示橱内摆放着依托纪念沈寿基金会、庄锦云刺绣工作室收集整理的江苏一带各类刺绣藏品、大师仿真绣珍品、学生刺绣与手工习作。张蕾老师和学生在传习馆现场进行制版、画稿与刺绣工作。传习馆集教、学、做于一体，营造了仿真绣文化与教学、生产相融合的环境，增强学生对于仿真绣的感性认识。这标志着现代高职教育与仿真绣的进一步融合，为培养仿真绣传承人、促进刺绣技艺传承和产业发展提供更为广阔的平台。

仿真绣的传承人张蕾女士于 2007 年创办了一庄空间刺绣传习馆（图 3-12），传习馆承担着传授非遗技艺的功能，坚持一年举办两次有关刺绣技艺的培训班，目前已经坚持了 17 年之久，培训班也已经举办了 33 期。她从沈寿刺绣传习馆藏的明清时期的旧物件中选出几千件作品，经过多年的归类总结，归纳出直针、齐针等刺绣基本针法方便学生学习。张蕾女士经过不断的研究和改进，将复杂的工艺简单化，让学生可以快速掌握针法技巧，改变了过去人们对于刺绣复杂、烦琐、耗时、难学的印象。传习馆成立至今，学员人数达到 500 余人，使刺绣技艺得到最大限度的传承。传习馆宣传刺绣技艺的同时，还承担着宣传非遗的功能，张蕾女士会邀请很多非遗研究学者在传习馆内举办讲座，进一步促进非遗的传播。张蕾女士在非遗传播方面付出了巨大的努力，作品多次获奖（表 3-3）。

图 3-12　一庄空间刺绣传习馆

表 3-3　传承人所获部分荣誉及证书

获奖时间	奖项名称	颁奖单位	证书
2008 年 5 月	中国工艺美术文化创意奖银奖	中国（深圳）国际文化产业博览交易会	
2013 年 5 月	中国工艺美术文化创意奖金奖	中国（深圳）国际文化产业博览交易会	
2013 年 5 月	中国工艺美术文化创意奖铜奖	中国（深圳）国际文化产业博览交易会	
2014 年 5 月	中国工艺美术文化创意奖银奖	中国（深圳）国际文化产业博览交易会	

获奖时间	奖项名称	颁奖单位	证书
2018年12月	2018年"艺博杯"江苏省工艺美术精品大奖赛金奖	江苏工艺美术精品博览会	
2019年9月	2019年"百花杯"中国工艺美术精品奖银奖	中国工艺美术协会	

第二节　风俗趣事

　　刺绣，古代称为针绣，是用绣针引彩线，按设计的花纹在纺织品上运针刺绣，以绣迹构成花纹图案的一种工艺。因古代刺绣多为妇女所作，故属于"女红"的重要部分，是我国古老的手工技艺之一。关于刺绣最早的记载，见于《尚书·虞书》，帝舜曾令大禹在衣上画出日月星辰、龙、山、华虫等图案，在裳上绣出火、宗彝等图案，代表着先民对自然的崇拜与信仰，即"衣画而裳绣"。

一、《八仙上寿》

　　仿真绣的风俗趣事主要围绕创始人沈寿发生。沈寿，原名沈云芝，江苏吴县（今苏州）人，后定居南通。她出生于1874年，从小便对刺绣展现出了极高的天赋和热情。她的刺绣技艺精湛，尤其在仿真绣方面有着卓越的成就。慈禧太后七十大寿时，沈寿夫妇绣制了《八仙上寿》作为贺礼，得到了慈禧的赏识，并赐"福""寿"二字给沈寿夫妇，沈寿因此将原名"云芝"改为"寿"。沈寿的仿真绣技艺不仅得到了慈禧太后的赏识，更在民间广为流传。据传，有一次，沈寿受邀为一位富商绣制一幅山水画。在绣制过程中，她巧妙地运用仿真绣技法，将山水、楼阁、人物、花鸟都绣得惟妙惟肖，仿佛是一幅真正的画作。富商看到后大为惊叹，连连称赞沈寿的技艺高超。

二、诗词书画仿真绣

　　沈寿的仿真绣还受到了文人雅士的喜爱。他们常常邀请沈寿为他们绣制诗词书画的绣品，以增添文房雅趣。沈寿也乐于与这些文人交流，从他们的诗词书画中汲取灵感，进一步提升自己的刺绣技艺。

三、《意大利皇后爱丽娜像》

仿真绣开始走向世界，得到世界认可的是 1910 年沈寿绣制的《意大利皇后爱丽娜像》，作品以意大利皇后爱丽娜为蓝本绣制，神情逼真地刻画了皇后雍容华贵的形象，绣品参加了在意大利举行的万国博览会，获"至大荣誉最高级之卓越奖"。清政府将此绣品赠送给意大利皇后，皇后致信盛赞中国艺术，并回赠沈寿带有皇家徽号的钻石金表表示感谢。

四、《耶稣像》

沈寿闻名绣艺界的旷世神绣是《耶稣蒙难像》，现藏于南京博物院，是 28 件镇馆之宝之一。作品曾参加在巴拿马举办的世界艺术博览会，震惊了国际艺坛，荣获一等奖。作品绣的是耶稣头戴荆棘被钉在十字架上殉难时的瞬间。沈寿用细密的丝线、多变的针法，独创旋针，结合施针、散针、虚针等针法，创作了这幅旷世神绣。绣像上人物的头发与胡须松软自然，人物面部表情丰富，立体感强，肤质逼真。作品颜色自然、丰富，令人震撼。

五、张謇与仿真绣

仿真绣是沈寿创立，但是在全国乃至全世界得到传播则和张謇有密切的关系。仿真绣与张謇的密切关系体现在多个方面，这些方面共同促成了南通仿真绣的繁荣与发展。张謇，清末状元，著名实业家和教育家，对南通地区的经济、文化和社会发展做出了巨大贡献。他深知传统刺绣艺术的价值，并看到了其潜在的商业价值和文化意义，决定出资创办南通女工传习所，旨在培养新一代刺绣人才，推动南通地区刺绣艺术的发展。

沈寿，作为清末民初的刺绣艺术大师，其仿真绣技艺已经名扬四海。张謇对沈寿的技艺极为赞赏，特聘她担任南通女工传习所的所长。在沈寿的主持下，传习所不仅教授传统的刺绣技艺，还积极推广仿真绣这一新兴绣种。沈寿的精湛技艺和独特创意为南通仿真绣注入了新的活力，使其逐渐在刺绣界崭露头角。张謇还亲自参与南通仿真绣的推广工作中，利用自己的社会资源和影响力，为南通仿真绣打开了市场。他不仅在国内外举办展览，展示南通仿真绣的精美作品，还积极与商界、政界和文化界人士交流，争取他们对南通仿真绣的支持和认可。此外，张謇还筹建了南通绣织局，设立分局和办事处，进一步推动了南通仿真绣的产业化发展。在张謇的大力支持下，南通仿真绣逐渐成为南通地区的文化名片。它的影响力不仅局限于国内，还远播海外。当时，欧洲的上流社会以收藏南通仿真绣为时尚，仿真绣也因此成为中国传统工艺的一颗璀璨明珠。

可以说，没有张謇的远见卓识和大力支持，南通仿真绣可能无法取得如此辉煌的成就。他的贡献不仅在于创办了南通女工传习所，推动了仿真绣的发展，还在于他对传统工艺文化的热爱和传承。正是有了张謇这样的杰出人物，中国传统工艺才得以不断焕发出新的生机与活力。

第三节　制作材料与工具

一、制作材料

1. 绣布

绣布是仿真绣的关键材料之一。仿真绣的绣布通常选用质地细腻、密度适中的布料，如丝绸或棉麻混纺布。这些绣布能够提供良好的刺绣基础，使绣线能够紧密地贴合在布面上，形成精美的图案。布料需要既轻薄又结实的绸缎，古语形容最佳的绸缎是"水滴布不穿，甩动有金属之声"。

2. 线

仿真绣选用上等的蚕丝线（图 3-13），进行分色染线，所有油画可以调出的颜色丝线都能表现，从而实现与油画相似的效果。一种丝线的颜色从浅色到深色一共有 24 色和 48 色，一根丝线可以分成十六丝，比头发丝还细。仿真绣的线具有优异的光泽度和色泽逼真性。这主要得益于的高品

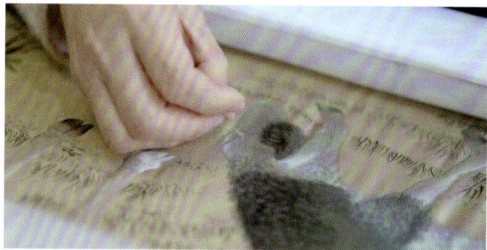

图 3-13　仿真绣所用到的线

质原料和精细的加工工艺。优质的材料使得线材表面光滑细腻，能够反射出柔和自然的光泽，给人一种高贵典雅的感觉。

色泽逼真性也是仿真绣绣线的重要特点之一，它能够准确地还原出物体的自然色彩，使绣品更加生动逼真。此外，仿真绣用的线具有出色的染色牢度，这意味着线的颜色经过多次洗涤和日晒后仍然能够保持鲜艳如初，不易褪色。这一特点使仿真绣作品能够长时间保持美观，增加了其使用寿命。仿真绣的线还具有良好的耐酸、耐氯、耐日晒等性能，这使绣品能够在不同的环境条件下保持稳定的品质，不易受到外界因素的损害。同时，仿真绣用的线还具有防霉、防虫蛀的特性，能够有效抵抗霉菌和虫害的侵蚀，保持绣品的完整性。

在手感方面，仿真绣使用的丝线流畅且富有弹性，这使绣者在刺绣过程中能够轻松自如地运用各种针法，绣出精美的图案。同时，丝线的耐摩擦性能也较好，不易起毛，保证了绣品的品质和美观度。由于仿真绣需要和画面尽量保持一致，所以需要的线条颜色很多，目前市面上的线的精细度和色彩的丰富度无法满足仿真绣对色彩的要求，所以很多仿真绣的传承者都会自己使用颜料对绣线进行染色，以求达到通过刺绣比较完美复刻油画作品的效果。

二、制作工具

1. 针

仿真绣所用的针具有一系列独有的特点，这些特点共同确保了绣品能够呈现出高度仿真的效果。首先，仿真绣的针具有极高的精细度（图3-14）。这些针尖细而锐利，能够精确地穿透绣布，使得绣线能够紧密地贴合在绣布上，形成细腻的图案。这种精细度是仿真绣实现高度仿真效果的基础。其次，仿真绣的针在长度和粗细上也有着特殊的设计。不同长度和粗细的针，能够适

图3-14　苏绣（仿真绣）所用到的针

应不同绣布和绣线的需要，使得绣出的图案更加自然、流畅。这种设计不仅提高了绣品的整体质量，还增加了绣制的灵活性。最后，仿真绣的针在材质上也有着严格的要求。通常采用优质钢材制成，具有良好的韧性，不易变形或断裂。这种材质可确保绣针在长时间使用过程中仍能保持稳定的性能，为绣制高质量的仿真绣作品提供了有力保障。

仿真绣的针法灵活多变，需要绣者具备高超的技艺和丰富的经验。不同的针法能够表现出不同的质感和形态，使绣品更加生动逼真。例如，旋针和虚针等针法能够表现出松、软、细的羽毛，而套针和施针则能够使绣制的实物显得生动有趣。这些针法的巧妙运用，是仿真绣实现仿真效果的关键。总的来说，仿真绣所用的针具有精细度高、长度和粗细设计合理、材质优良以及运用灵活多变等特点。这些特点共同确保了仿真绣能够呈现出高度仿真的效果，使得绣品更加生动逼真，具有极高的艺术价值。

2. 绣架和绣绷

在刺绣过程中，绣架（图3-15）和绣绷（图3-16）也是非常重要的辅助工具。绣架用于支撑绣布，使其保持平整和稳定，方便绣者进行刺绣。同时绣架的高度和角度可以调节，以适应不同绣工的需求。

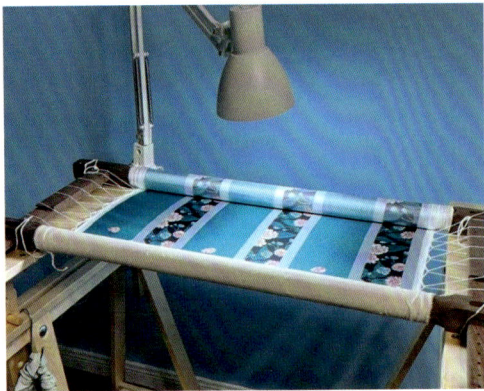

图3-15　绣架

图3-16　绣绷

绣绷则用于将绣布绷紧，使其更加平整，防止绣线在刺绣过程中松弛或变形。

由于仿真绣需要丰富的针法与不同的绣法，所以一幅作品的完成时间少则一个多月，多则几年，需要具备良好的绘画功底，没有文化与艺术修养则难以模仿和完成。

第四节　制作工艺与技法

仿真绣作为传世价值较高的艺术品，无论是最初的选稿、画稿，还是最后一步对绣品进行装裱，依旧坚持全流程手工。

一、选稿

仿真绣需要先筛选合适的画稿，和传统刺绣多以中国古代山水画为底稿不同，因为仿真绣的绣法技艺本身就结合了西方油画的特点，所以仿真绣的选稿多为西方的传统油画。

二、画稿

仿真绣会根据所选择的底稿，先在绣布上进行绘制，由于仿真绣的最大特点就是写实，所以仿真绣的绣娘需要具备一定的绘画功底，只有这样才能够将作品完全写实地画在绣布上。

三、配线

最佳的仿真绣需要达到和画面完全 1：1 复制的效果，所以仿真绣所需要的丝线色彩较多，在绣布上画完底稿之后，还需要根据底稿进行 1：1 的丝线配色，要求颜色过渡自然，不突兀。在《雪宦绣谱》中沈寿还对染线设置了色阶表，一直沿用至今。

四、刺绣

一幅好的刺绣作品一般需要花费一个绣娘几年的时间，所以绣娘需要具有极致的耐心才能把握刺绣的每一寸品质，使一幅绣品达到忠于原稿、可以传神的效果。

在绣布上画完底稿之后，需要选择合适的针进行刺绣，以达到画面不留孔洞的效果，使刺绣完成的画面从远处看和真画一样。为了使绣品可以 1：1 还原原画，绣娘会选取不同的针法，沈绣突破了传统的刺绣只有平铺直套的传统针法，创新性地使用了旋针、发绣针、肌肉针、滚针、虚实针、施针等针法，使画面整体自然写实。

五、装裱

在仿真绣刺绣结束后，绣娘会请专门的装裱师进行装裱，最大限度地保持绣品的原样。装裱时也要保证绣品不能出现褶皱。

第五节　工艺特征与纹样

一、仿真绣的逼真特点

仿真绣的一大特点就是逼真，可以达到1：1还原原作的效果。仿真绣的配色主要以画稿或实物为主，根据物象的色彩进行配色。配色时要注重色彩的和谐与对比，既要保持物象的原色调，又要通过色彩的搭配增强绣品的艺术性，高要求促使仿真绣的艺术表现力很强，绣仿真绣的绣娘往往需要精通绘画原理。

二、仿真绣的底稿特点

相较于大多数绣品使用中国画或者小猫小狗的画像作为底稿进行刺绣，仿真绣则使用西方油画作为底稿，且绣出来的作品和绘画作品极其相似。由于仿真绣需要大量的时间和精力去理解底稿，所以仿真绣的绣娘艺术素养必须要高。在沈寿创办的学校里，绣娘需要先学习很多绘画和诗词，再学习刺绣，这样绣出来的作品才会生动形象。

三、仿真绣的针法特点

沈寿融合西洋针法的特点，独创了很多针法，以达到绣品和原画极其相似的效果。散错针和旋针是沈寿独创的两种针法。散错针看似错乱实质上并不乱，借用多样的针法变化，达到阴阳相协、形体逼真的效果。而旋针则是采用顺着形体回旋绣制的方法，使得针法匀称不露针脚，作品色彩柔和自然、栩栩如生。

刺绣还会用到很多其他针法，比如旋飘针。这种针法利用刃口的弧度，以旋转的方式前行。行进时，从尾部依次进入布料，先进入的部分渐渐脱离布料。这种针法特别适用于宽针片操作长线条，能够在刺绣中表现出流畅的线条和细腻的纹理。

仿真绣的针法非常多变，能够根据不同的物体和场景进行调整和创新。绣娘们会根据物体的形态和纹理特点，选择合适的针法进行刺绣。他们还会根据画面的整体效果，灵活运用不同针法进行过渡和衔接，使画面更加和谐统一。

四、仿真绣的纹样特点

仿真绣的纹样呈现出逼真和多样化的特点。仿真绣不同于中国传统绣品多以中国山水画为底稿，而是多以西方油画为底稿，通过不同针法和独特的绣法来体现油画作品独特的笔触。总体来说，仿真绣在技法上融合了中国传统刺绣技艺和西方油画艺术的表现手法，形成了独特的中西结合的艺术风格。这种风格既具有中国传统刺绣的细腻和精美，又吸收了西方油画的光影效果和色彩表现力，使作品具有更高的艺术价值和观赏性。

仿真绣在色彩运用上十分讲究，追求色彩的自然过渡和柔和变化。绣线采用天然桑蚕丝经过特殊的染练工艺而成，颜色丰富多样，能表现出油画般的色彩效果。同时，沈寿还独创了用几种色线合并于一针来润色调绣的方法，表现出立体感及明亮度，进一步丰富了色彩的表现力。

第六节　作品赏析

仿真绣因其可以达到和原画底稿十分接近的程度而得名，其刺绣题材广泛，包括人物肖像、风景、静物等。其中，人物绣是仿真绣的特长之一，人物肖像的表现生动、传神、逼真，针法变化多端，具有鲜明的艺术风格。仿真绣作品的分类和画作的分类类似，主要包括以下几类。

一、宗教类

《耶稣蒙难像》源自意大利著名画家琪特的油画《荆棘冕冠》，画作描绘了耶稣蒙难的故事。沈寿大师通过研究画作，研究西方的油画技巧，将该幅油画制作为绣品（图3-17），1915年在旧金山博览会展出，荣获一等奖。目前原作品收藏于南京博物院。

图3-17　沈寿作品《耶稣蒙难像》

二、花鸟类

珍藏于南通博物院的《蛤蜊图》（图3-18）也是沈寿的一幅精致作品。作品采用了缠针、施针、滚针等多种针法，以黑灰白线配色，通过明暗对比逼真地表现了蛤蜊的质感，充分显现了仿真绣的生动表现力。

作品《大文殊兰百合》（图3-19）原件为西方油画，作者采用中国传统的丝线与散套针法来表现西方油画中光与影的明暗关系，层次分明、立体、写实，色彩自然雅致。

作品《虞美人蝴蝶花》（图3-20）原件是郎世宁的花鸟作品。这一组花卉在色彩上继承了仿真绣丰富的用色用线传统，为了使颜色丰满，作者效仿沈寿用多种丝线穿于一针绣制，绣面颜色饱满丰富，具有西方油画的艺术特征。

作品《海棠玉兰》（图3-21）原件为张蕾创作的一幅工笔画，后绣制成刺绣作品。此幅绣面一改以往绣花卉平铺直套的针法，而是用虚实针与平套针相结合的技法来绣制，适当留白，绣面更显灵活。

由张蕾女士设计，张蕾工作室绣制的《午瑞图》（图3-22），原件为郎世宁所绘《午瑞图》，粽子、蒲草等物暗示此画是为中国的传统节日端午节而绘制的。青瓷瓶内插着蒲草叶、石榴花和蜀葵花，托盘里盛有李子和樱桃，几个粽子散落一旁。就构图而言，画中物品聚散有致，呈正三角形布局，给人的视觉以稳定感。就绣制方法而言，采用色彩深浅不一的丝线来表现光影明暗的变化，展示花叶、水果和瓷瓶的立体感，以沈绣的工艺表现出瓷瓶肩部的高光效果，令观者清晰地体会到沈绣表现西方油画的技巧。

图 3-18　《蛤蜊图》　　　图 3-19　《大文殊兰百合》

图 3-20　《虞美人蝴蝶花》　　图 3-21　《海棠玉兰》　　图 3-22　《午瑞图》

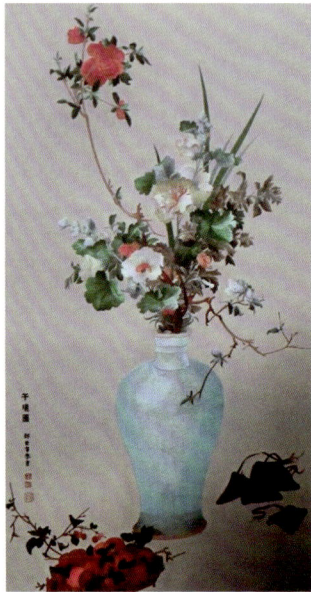

三、人像类

仿真绣作品经常被当作国礼送给外国元首。2009年11月，沈寿艺术馆绘制的仿真绣《奥巴马总统全家福》（图3-23），赠送给来华访问的美国总统奥巴马，这件国礼得到了双方领导人的一致好评。

2013年3月22日，中国国家主席习近平在访俄期间赠送给普京总统的国礼《普京总统肖像》（图3-24）受到普京总统赞赏。这幅作品由南通沈寿艺术馆馆长卜元组织工艺美术大师李锦云、印俊平、冯丽、花丽等6人组成团队，采取组合移动法，3小时换一次班，历时91天完成。刺绣作品尺寸60厘米×50厘米，用色线近七十种，以乱针铺底，采用了小短针、小乱针、大乱针、发绣针等七十多种仿真绣技法。

图 3-25 为张蕾女士绣制的《斜倚熏笼图》，绣稿选自明代画家陈洪绶《斜倚熏笼图》。图中一位容颜娇媚的贵妇人，披风用虚实针表现，飘逸雅致，发髻丝路清晰、层次分明，怀拥熏笼用钉线绣，绣面写实，熏烟用虚实针刺绣，似行云流水。画中人物衣服褶皱清晰，层次分明，绣线敷色雅致，人物绣制传神，贵妇人斜倚榻上，富有生活情趣，稍显生活富足无聊的状态，贵妇人开心的生活场景刻画得淋漓尽致。

图 3-26 为张蕾女士设计，张蕾工作室绣制的《调良图》。绣稿选自元代赵孟頫《调良图》。图中的一匹马和一个牵马的人原本是静止的，却因大风的袭来增加了画面动感，静中有动，体现了赵孟頫的绘画风格。作者用丰富的刺绣工艺手法表现，采用散套、滚针、虚实相间的绣法，将马鬃、马尾被风吹起的姿态表现了出来，丝线的光泽也使马鬃、马尾更富有动感。另外，用针的考究、丝线的色彩变化、明暗关系的处理，使马的体型圆润丰满，人物绣制宁静安然，神态清逸。

图 3-23　《奥巴马总统全家福》

图 3-24　《普京总统肖像》

图 3-25　《斜倚熏笼图》

图 3-26　《调良图》

四、风景类

风景也是仿真绣底稿的一种重要来源。张蕾女士绣了《日本箱根湖水图》（图 3-27），绣稿题材源于日本浮世绘画师歌川广重的《东海道五十三次》，描绘日本旧时由江户（今东京）至京都所经过的 53 个宿场（驿站）的景色，该系列画作包含起点的江户和终点的京都，共有 55 景。该绣稿选其中一景之"日本箱根湖水风景"，以散套针为主，色彩吸收中国壁画的艺术特色，具有中国传统色彩的艺术风格，又具有鲜明的日本民族特色，独特的色彩与创意，反映出当时的日本文化背景。

五、书法类

古代书法也是绣稿的重要来源之一。东晋王羲之有"书圣"之称，字逸少，琅玡临沂人（今山东临沂），后居会稽山（今浙江绍兴）。永和九年（353年）三月初三，王羲之与名士、友人在会稽的兰亭修禊，曲水流觞，赋诗抒怀。其间作诗三十七首，结纂为《兰亭集》，由王羲之作序，这就是"天下第一行书"《兰亭集序》，也称《兰亭序》。《兰亭序》传世本种类很多，图3-28所示的这幅刺绣为冯承素钩摹本，称《神龙本兰亭》，此本墨色最活，被视为珍品，现藏于故宫博物院。刺绣作品上钤有的各时期的收藏印章是用两丝线绣制而成，针法主要为散套和齐针斜绣。

六、仿真绣衍生品

张蕾女士在自己的艺术空间当中进行刺绣作品创新，不仅设计制作了很多刺绣摆件，还将仿真绣应用在服饰上，开发了一系列仿真绣衍生品（图3-29～图3-32）。

图3-27 《日本箱根湖水图》

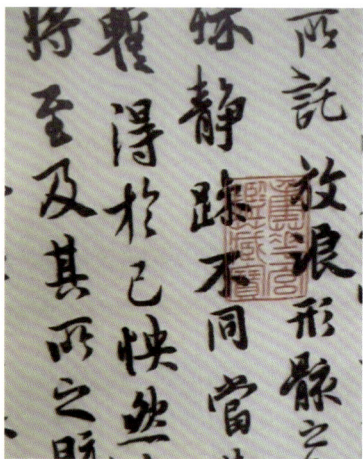

图3-28 《兰亭序》局部

图3-29 仿真绣摆件

图 3-30　香包

图 3-31　刺绣丝巾

图 3-32　刺绣服饰

第七节　传承人专访

为进一步深入研究，继承和创新非物质文化遗产仿真绣，本书作者专访了仿真绣省级传承人张蕾女士，以下为此次专访内容。

一、您是怎样接触到仿真绣的？

张蕾：我自幼浸润于刺绣艺术的深厚氛围中，家族渊源可追溯至 1914 年实业家张謇创立的南通女工传习所。这是中国首所刺绣职业学校，不仅传授刺绣技艺，还传授国文、家政、算术、美术及音乐等多领域知识。首任校长沈寿作为沈绣的创始人，对我的祖母庄锦云产生了深远影响。我祖母作为传习所学员之一，毕生致力于刺绣艺术，达 80 年之久。我在祖母的熏陶下，对刺绣技艺产生了浓厚兴趣，从工笔画创作转向沈绣的复制与研究，最终与祖母共同创立仿真绣工作室，致力于刺绣技艺的传承与发展。

二、仿真绣的销售渠道是什么?

张蕾:仿真绣的销售主要以定制为主,因为仿真绣价格昂贵,所以通常作为国礼,比如2009年,由沈寿艺术馆制作的《奥巴马全家福》作为国礼送给当时的美国总统奥巴马。为了拓宽仿真绣市场,我还利用微信公众号等新媒体平台进行宣传,并尝试将仿真绣元素融入时尚服饰设计,如创新围巾、丝巾等,以吸引年轻消费群体。

三、您对仿真绣的传承有什么创新性的活动吗?

张蕾:我创立的一庄空间刺绣传习馆是非遗技艺传承的重要平台。我坚持每年举办两期培训班,至今已历17载,共举办33期。通过归纳沈寿刺绣传习馆藏明清旧物中的基本针法,如直针、齐针等,将复杂工艺简化,实现一对一教学,有效降低了学习门槛,累计培训学员五百余名。

传习馆不仅是刺绣技艺传播的重要平台,还是非物质文化遗产保护与弘扬的关键阵地。我想构建一个多功能的文化教育空间,不局限于刺绣技艺的展示与教学,还将非遗研究学者的讲座纳入常态活动,通过学术交流与知识普及,深化公众对非物质文化遗产价值的认识与尊重,推动其在新时代的传承与发展。

四、您的工作室有多少人呢?

张蕾:工作室原来有30~40人,其核心力量主要由经验丰富的老师傅构成。随着时间的推移,这些老师傅逐渐步入高龄。目前,工作室成员已缩减至10多人,且年龄普遍集中在六七十岁。

五、有年轻人来专门学习仿真绣吗?

张蕾:仿真绣是苏绣的最高表现形式,其学习过程的复杂性与长期性成为制约广泛传承的关键因素。具体而言,掌握仿真绣技艺通常需要投入至少3~4年的时间进行系统的学习与实践,这一时间成本对于大多数潜在学习者而言是不小的挑战。因此,尽管仿真绣技艺具有极高的艺术价值与文化意义,但当前能够全身心投入并坚持学习该技艺的年轻人寥寥无几。

六、您觉得目前仿真绣的传承主要的困难是什么?

张蕾:仿真绣技艺的耗时与费力是其传承过程中最为直观的困难之一。这一特点要求学习者不仅要有足够的耐心与毅力,更需具备扎实的绘画基础与深厚的艺术造诣。在快节奏、高效率的现代社会中,这一要求无疑成为一道门槛,限制了更广泛人群的参与。然而,这也正是仿真绣技艺独特魅力与价值的体现,它要求我们回归匠心精神,珍视时间与精力的投入,追求技艺的极致与完美。

七、底稿的选择是偏水彩、人物，还是古代的山水画？

张蕾：目前市面上大多数绣品的底稿以中国画为主，我们目前也多选择中国画作为底稿，我自己是画工笔画出身，非常喜欢中国传统文化。所以我选的刺绣底稿都是中国传统的画作，特别是唐宋元明时期的画作。

八、仿真绣的销量怎么样？

张蕾：我们面临着销量不佳的现实挑战，这一困境主要源于我们在专注于刺绣创作的同时，也承担了推广普及与人才培养的重要任务，这使我们在商业运营上的精力相对分散。然而，正是这份对传统文化的热爱与责任感，驱使我们不断探索新的发展模式与策略，以确保仿真绣技艺的持续传承与繁荣。

为了应对销量挑战，我们采取了多种创新措施。首先，我们在苏州工业园区开设了一个非遗空间，这不仅是一个展示与销售仿真绣作品的平台，还是一个集文化交流、技艺体验与教育培训于一体的多功能空间。我们巧妙地运用咖啡等现代元素为非遗赋能，通过跨界融合的方式吸引更多年轻群体关注与参与。这种"内卷"式的自我革新，不仅提升了非遗空间的吸引力与竞争力，还为我们拓展销售渠道、提升品牌影响力提供了有力支持。

在非遗空间的运营过程中，我们注重将学术研究与文化传播相结合。我们邀请专家学者进行讲座与交流，深入挖掘仿真绣技艺的历史渊源与文化内涵；同时，我们也积极组织各类技艺体验活动，让更多人亲身体验仿真绣的魅力。这些举措不仅提高了公众对仿真绣技艺的认知与兴趣，还为我们的销售与推广工作奠定了坚实的基础。

此外，我们还积极探索数字化与网络化的发展路径。在官方网站、社交媒体平台，我们定期发布仿真绣作品展示、技艺教程与文化故事等内容，与广大网友进行互动交流。这种线上线下的融合传播方式，不仅拓宽了我们的传播渠道与受众范围，还为我们拓展新的销售渠道与商业合作模式提供了可能。

九、您对后续的传承人选拔有什么样的要求？

张蕾：没有什么特别大的要求，在仿真绣技艺的传承之路上，我们始终秉持着"坚持学习，持续教授"的原则。我们相信，只要学员们能够持之以恒地投入学习，我们就有责任与义务陪伴他们走过这段旅程，直到他们能够独立掌握刺绣的基本技能，甚至超越我们的期望。事实上，我们已经见证了许多学员的成长与蜕变，虽然他们可能因各种原因不再频繁地参与我们的活动，但对刺绣的热爱与技能却已深深烙印在他们的心中。

然而，我们也意识到一个现实问题：尽管学员众多，但真正选择将刺绣作为职业的人寥寥无几。大多数人将刺绣视为一种兴趣爱好，在工作之余享受其中的乐趣，或是将作品作为家居装饰、赠送亲友的佳品。这种现象反映了现代社会对于传统手工艺的认知与选择倾向，也对我们提出了新的挑战与思考。

为了推动仿真绣技艺的进一步传承与发展，我们开始探索学术化的路径。我们希望通过整理、研究并出版相关著作，将仿真绣技艺的历史渊源、技艺特点、文化内涵以及传承现状等内容系统地呈现给更广泛的受众。这不仅能够提升仿真绣技艺的学术地位与影响力，还能为那些对刺绣有浓厚兴趣但缺乏系统学习途径的人提供宝贵的资料与指导。

在学术化的过程中，我们将注重理论与实践的结合。我们将邀请专家学者参与研究，深入挖掘仿真绣技艺背后的文化价值与艺术魅力；同时，我们也将邀请资深绣娘分享她们的经验与心得，让理论与实践相互印证、相得益彰。我们相信，通过这样的努力，仿真绣技艺能够在新的时代背景下焕发出更加璀璨的光芒。

此外，我们还将积极探索仿真绣技艺与现代社会的融合之道。我们将关注市场需求与消费者偏好的变化，努力开发符合现代审美与实用需求的刺绣产品；同时，我们也将积极寻求与时尚、设计等领域的跨界合作，为仿真绣技艺注入活力与创意。我们相信，在传承与创新并重的理念指引下，仿真绣技艺一定能够在当代社会中找到属于自己的位置与价值。

第八节　传承现状与对策

一、传承现状

（一）公众对于仿真绣的认知度较低

一方面，非物质文化遗产仿真绣艺术越来越受到国家和地方政府部门的重视。南通市已将仿真绣申报为国家非物质文化遗产，确立了其历史地位，并得到法律的保护，这增强了仿真绣的艺术生命力。同时，南通市还开设了沈绣展馆，培育沈绣传人，通过外交部将沈寿艺术馆的刺绣作品作为国礼赠送给外国领导人，进一步提升了仿真绣的知名度和影响力。

另一方面，仿真绣的传承也面临着一些挑战。首先，由于人们对针法的认知度不够高，导致对仿真绣的理解只停留在表面，没有深入了解其深层次的含义。

（二）仿真绣的知名度不高

虽然南通市政府已经实施了多种措施促进仿真绣的发展，但是由于南通仿真绣的针法易与其他刺绣针法混淆，所以大大影响了人们对仿真绣的独特艺术风格的认知，公众只知道苏绣而不知道仿真绣，仿真绣的知名度需要进一步提高。

（三）人才断层

由于仿真绣要求绣娘不仅在刺绣方面有很高的技巧，还需要有深厚的绘画功底，才能达到对画面的精准把握和理解，所以真正会绣仿真绣的绣娘一直以来数量都较少。随着老一辈传承人的逐渐老去，仿真绣技艺的传承面临着断层的问题。由于仿真绣技艺的复杂性和传承的困难性，很多年轻人不愿意投身于这一领域。同时，由于市场竞争激烈和经济效益低下，一些传承人难以维持生计，不得不放弃传承工作。

（四）仿真绣销路狭窄

由于绣一幅仿真绣的作品需要花费大量的时间和精力，而绣娘学习仿真绣就花费了大量时间，所以仿真绣价格较高。普通人对仿真绣的需求较小，如果难以找到适合仿真绣的销路，那么仿真绣的传承会受到极大的阻碍。

二、传承对策

（一）依托职业院校，开展仿真绣传承

由于仿真绣的传承人较少，而职业院校以"培养应用型人才"为目标，所以可以通过职业院校引入专业仿真绣教师，使职业院校学生既拥有了一技之长又可以传承非物质文化遗产。同时，职业院校可以利用自身的师资力量和科研能力，对非遗技艺进行深入研究，探索其历史渊源、文化内涵和艺术价值。这些研究成果不仅可以为非遗技艺的传承和发扬提供更多的理论支持，还可以为相关的教育教学活动提供更多的素材和案例。所以，通过职业院校传承并发展国家级非物质文化遗产项目仿真绣是必然选择。

（二）政府积极参与，推动仿真绣传承

对非物质文化遗产保护的重要手段就是建立非遗保护机制。这种机制应该由政府出面，起到主导的作用，利用相关政策，充分运用政府的行政手段。从资源分配到人员编制聘用，都需要一系列的调研和分析，形成长期行之有效的发展模式。同时要落实好相关配套机制，对过程中容易出现问题的部分进行充分考虑，进行机制的补充协调，保证保护机制的可行性和有效性。

（三）创新发展方式，加强宣传与推广

通过媒体、网络等渠道加强对仿真绣的宣传与推广工作，提高公众对仿真绣的认知度和兴趣度。同时，也可以举办相关展览、演出等活动，展示仿真绣的独特魅力和艺术价值。在保留传统技艺的基础上，积极探索创新发展方式。如与现代设计、时尚元素等相结合，推出具有时代感和现代感的产品；或者将仿真绣应用于更多领域和场景中，拓展其应用领域和市场空间。

第四章

徐州香包

徐州香包，2007 年入选第一批江苏省省级非物质文化遗产代表性项目名录，名录类别为传统美术；2008 年，入选第二批国家级非物质文化遗产代表性项目名录（表 4-1）。2013 年 1 月，王秀英被认定为徐州市非物质文化遗产"徐州香包"代表性传承人；2020 年 9 月，王秀英被认定为第五批江苏省非物质文化遗产"徐州香包工艺"代表性传承人（图 4-1）。

香包，又称"香囊""香缨"，俗称"香布袋""料布袋"，是一种传统的佩饰物，制作和佩戴香包的习俗在我国由来已久。徐州香包集实用性与观赏性于一体，造型淳朴、图案精美、色彩艳丽、绣法工整细致，内装的中草药能驱蚊防潮、净化空气、预防疾病。徐州香包形制丰富，外部图案多采用龙凤呈祥、鸳鸯戏水、松鹤延年、喜鹊闹梅等传统的喜庆吉祥题材，以寄托人们祈求祥瑞、辟邪纳福、丰衣足食的美好愿望。

表 4-1　项目简介

名录名称	香包（徐州香包）
名录类别	传统美术
名录级别	国家级
申报单位或地区	江苏省徐州市
代表性传承人	王秀英

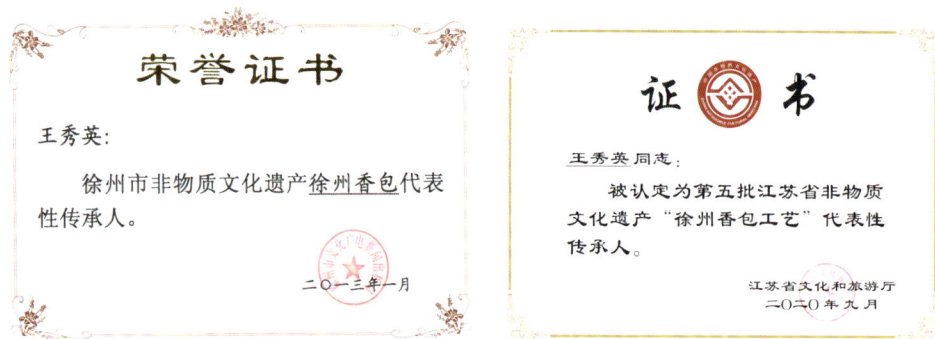

图 4-1　徐州香包代表性传承人证书

第一节　起源与发展

一、徐州香包的起源

徐州香包历史悠久，王秀英作为中草药香包的传承人，更是将徐州香包发扬光大。据风土志记载，民间将五月称为毒月。五月之所以被称为毒月，是因为农历五月开始进入夏季，蚊虫开始猖獗，疫病开始蔓延。农历五月五日为阳极之日，被视为九毒之首，民间认为，这一天五毒（蝎、蛇、蜈蚣、壁虎、蟾蜍）开始出没，侵害人类。另外，农历五月正是仲夏之时，阳气最盛、浊气上升，是风寒暑湿燥火并存的季节。在这个时间，人体内阴阳不平衡，身体抵抗力最弱，极容易生病。对于医疗条件极差的古人而言，五月意味着病毒瘟疫泛滥。为了生存繁衍，古时的人们一直努力通过各种方法对瘟疫加以驱避，其中一种流传甚广的方法就是用五色彩线系着一个装满艾草、雄黄和檀香粉末等混合香料的小布袋并随身佩戴。这种特殊的小布袋能够起到驱赶蚊虫、祛毒辟邪、防治时疫、保健养生的作用，这是香包最早的雏形和用途。

2017年，习近平总书记在江苏徐州马庄村视察工作时，特意到访徐州香包的制作工坊，购买了一枚极具徐州特色的针棒香包。2019年11月，中华人民共和国文化和旅游部公布《国家级非物质文化遗产代表性项目保护单位名单》，"徐州香包"赫然在列，由此可见徐州香包这项非遗工艺的重要程度。因此，如何继续保护、传承这项民间传统工艺，让它免于消亡，是徐州香包传承人们亟待解决的问题。2020年6月13日暨我国第15个文化和自然遗产日，央视新闻联合文化和旅游部非遗司、中国手艺网，共同推出了"把非遗带回家"专场带货直播节目，徐州香包作为其中一种非遗产品在直播过程中被网友抢购一空，可见大众对于传统手工艺品仍然保持着极高的热情，尤其是对徐州香包这类饱含历史记忆、文化内涵的非遗手工艺品更是喜爱有加（图4-2）。

图4-2　王秀英和孙女孙歌尧登上
央视节目《非遗里的中国》

二、徐州香包的发展

王秀英，1939年8月出生，在其外婆和母亲的熏陶下，从小就对民间手工艺制作产生了浓厚的兴趣。10岁时就能绣花，制作布鞋，缝制荷包等手工艺品。经过几十年的摸索研究，她采用苏杭绸缎和祖传二十多种中草药配料缝制成中草药香包，具有驱蚊、吸潮、预防感冒等作用，形成香气独特、醇香持久、具有鲜明地方特色的徐州香包"王秀英中草药香包"品牌。她在继承传统的基础上大胆创新，先后创作了香包布艺作品《不忘初心、牢记使命》《公子香帽》《八鸡香篮》《五毒金蝉包》等，剪纸作品《喜看新农村》《鲤鱼跳龙门》等各类作品300余件。因其作品传统和创新相结合、技法精妙、内容丰富，受到广泛的欢迎和赞誉！王秀英在自己的工作室里，把所学知识无私地传授给他人，让更多人感受到中国传统文化的魅力；在"非遗进校园"活动中更是毫无保留地传授技艺，培养后继人才。

表4-2列出了徐州香包的传承谱系。

表4-2　传承谱系

代别	姓名	传承方式	与传承人的关系
第一代	张王氏	祖传	外婆
第二代	王玉英	祖传	母亲
第三代	王秀英	祖传	本人
第四代	孙卓云、孙卓贞、孙建、孙敬、张世美	祖传	子女
第五代	孙歌尧	祖传	孙女

子女孙卓云、孙卓贞、孙建、孙敬、张世美，都跟随母亲传承徐州香包，技艺娴熟，开展徐州香包教学活动，促进徐州香包创新与传承。

孙女孙歌尧，1999年出生，从幼时起在王秀英的教育与熏陶下，了解并熟练掌握了徐州香包的历史文化和制作技艺。大学毕业后自主设计并制作出创新款式香包，让香包在时代的更迭中以创新姿态，融入每一代人的生活。

徒弟徐艳、张唐仙、权景等，都能熟练掌握徐州香包制作技艺，传承香包文化。

表4-3列出了徐州香包传承人所获部分荣誉及证书。

表4-3　徐州香包传承人所获部分荣誉及证书

获奖时间	奖项名称	颁奖单位	证书
2009年12月	国家级非物质文化遗产项目"徐州香包"代表作品	徐州市文化馆、徐州市非物质文化遗产保护工程中心	
2012年12月	第二届徐州剪纸、徐州香包大赛优秀奖	徐州市文化广电新闻出版局	
2013年1月	徐州市非物质文化遗产徐州香包代表性传承人	徐州市文化广电新闻出版局	

获奖时间	奖项名称	颁奖单位	证书
2016 年 7 月 15 日	徐州市首届妇女手工文化创意大赛"徐州市十佳手工创意女能手"	徐州市妇女联合会	
2017 年 2 月	"赢在徐州——2016 中国徐州创新创业大赛"年度"双创之星"	徐州市人民政府	
2018 年 9 月 19 日	"新时代旅游行业女性榜样"	中国旅游协会	
2018 年 12 月	首届长三角文博会优秀展示奖	长三角国际文化产业博览会组委会	
2019 年 1 月	2018 中国非遗年度人物	光明日报、光明网	
2019 年 8 月 23 日	入选国务院新闻办公室江苏专场发布会非物质文化遗产精品展	江苏省文化和旅游厅	
2020 年 9 月	第五批江苏省非物质文化遗产"徐州香包工艺"代表性传承人	江苏省文化和旅游厅	
2021 年 3 月	成立王秀英乡土人才大师工作室	江苏省人力资源和社会保障厅	

第二节　风俗趣事

王秀英开始接触香包，是源于一次好奇。12岁的时候，王秀英的姥姥为王秀英缝制了一个精美的小桃香包（图4-3），挂在了她的房门上作装饰。王秀英看了爱不释手，也想自己动手试着缝缝看，于是问姥姥自己能不能缝，姥姥说："你个小孩子拿什么针，你只看着玩就行了。"妈妈也说："咱们家的布都留着做鞋子，没有多余的给你玩。"年幼的王秀英不甘心，看着自己的姐姐们都有自己的针棒，里面放着她们的针线和布料，于是王秀英从这个里面拿点线，从那个里面拿根针，偷偷跑到后院照着姥姥的小桃香包自己也动手缝起来。虽然是第一次缝香包，但是王秀英在耳濡目染中早已摸透了香包的制作步骤，缝好后便拿给姥姥看。姥姥被王秀英的手艺震惊了，开心地说："第一次缝就能缝得这么好！"姥姥开玩笑地说："以后谁再来买香包，我就让你缝！"自此，年仅12岁的王秀英便在每年的中秋、端午等节日加入香包制作队伍中，有时候也缝香包送客人、送邻居，直到今天，王秀英作为徐州香包的传承人之一也在不断延续着徐州香包的生命火焰。从当初一个小小的尝试，到如今的非遗传承，时间见证了王秀英这一路的艰辛和成长。现在王秀英虽然年纪大了，但仍然坚持制作香包（图4-4）。

图4-3　小桃香包

图4-4　王秀英制作针棒香包

第三节　制作材料与工具

"簇簇金梭万缕红，鸳鸯艳锦初成匹"，传统的徐州香包采用的布料为苏锦，苏锦的质地坚柔、选色精美，图案栩栩如生，锦纹丰富多彩，彰显中国传统丝绸文化的魅力。挑选合适的布料对香包的制作至关重要。贴身佩戴的香包，大多使用锦缎。锦缎用丝制成，触感精致丝滑，贴身佩戴可以避免运动摩擦导致的皮肤损伤。放置在室内用于装饰摆设或把玩的香包制品一般使用柔软的棉布，使人们欣赏把玩的时候感到更加舒适。悬挂在室外用于驱虫防疫的香包因为要经历风吹日晒，还可能遭到鸟类啄咬，所以需要选用耐腐蚀的麻布，达到经久耐用、不易损坏的目的。

一、制作材料

徐州香包的制作材料主要是布料和中药材。

王秀英制作香包，采用定做的真丝面料为原料（图4-5），不易褪色，并且用它制成的香包看起来更亮、更精致。徐州香包内装的中草药是其独有的文化特色。《黄帝内经》有云："上医治未病。"传承千年古法，传统徐州香包选取十多种中药材制成原料填充到香包中，根据不同的功用需求，手工艺者会根据配方选择相应的药材，经由古法炮制保留药材最纯正的药性，展现中国传统劳动人民的勤劳与智慧。

借鉴中医药古籍，不同的香包中药材（图4-6）配方有不同的功效。有些香包用于预防流行病毒、细菌造成的疾病。例如，由苍术、辛夷、川芎、白芷、藿香、荆芥等填充的香包，可以预防成人感冒，由山柰、苍术、菖蒲、冰片、甘松等填充的香包可以防治小儿上呼吸道感染，由藿香、艾叶、肉桂、山柰等填充的香包可以预防手足口病。有些香包则用于日常保健，谨防重大疾病危害健康。例如，由狗脊、艾叶、川椒、怀牛膝填充的香包有强肾固精的功效，由公丁香、红花、豆蔻填充的香包有保护心脏的功效，由玄参、当归、菖蒲、花椒、桂枝、薤白、冰片、三七等填充的香包有预防心脑血管疾病的功效。还有些香包则用于日常净化空气、驱赶蚊虫。例如，由藿香、薄荷、紫苏、菖蒲、香茅、八角、茴香、陈皮、柳丁皮、肉桂、丁香等填充的香包具有驱赶蚊虫的作用，由藿香、紫苏、雄黄、朱砂、苍术、艾叶、檀香、花椒等填充的香包可以防止蜱虫的叮咬，由桂花、玫瑰花、茉莉花、甘草等草本植物填充的香包有净化空气、芳香理疗的功效。

图4-5　制作香包用的布料

图4-6　香包内的中草药填料（部分）

二、制作工具

王秀英制作香包的工具并没有什么特别的，寻常的工具经过王秀英的双手便能创造出如此精巧的香包艺术。

（1）木勺（图4-7），用来装填中草药。王秀英制作的香包，内里都会根据功效来填充中草药，如想要安神镇静，就会填入薰衣草等药材。

（2）顶针（图4-8），缝制香包的时候戴在手指上，方便穿针引线。王秀英制作香包的工艺复杂，针脚密集，下针需要很大力气，戴上顶针能方便下针，保护双手。

（3）线。采用蚕丝线（图4-9），颜色丰富多样，不仅韧性强，缝制出的花纹还会泛有淡淡的光泽。

（4）绣花针（图4-10），与普通的家用针无异。王秀英制作香包，需要先将纹样绣在布片上，然后将两个布片合二为一，最后还需要锁边。这些工艺都需要用到绣花针，穿针引线间创造了许许多多工艺精品。

（5）剪刀（图4-11）。在制作香包时，需要先将纹样从布片上剪下，布片的形状决定了香包完成后的形状，此外，还需要修剪线头，剪刀是必不可少的工具之一。

图4-7　木勺

图4-8　顶针

图4-9　蚕丝线

图4-10　绣花针

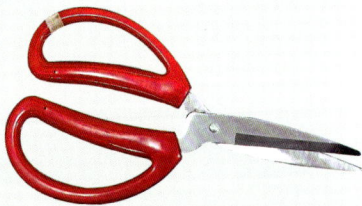
图4-11　剪刀

第四节　制作工艺与技法

徐州香包的制作主要包括八个步骤。

一、配药

徐州香包融合国粹中医的经典药方，为疲惫的现代人带来一丝草药芳香的慰藉。王秀英制作的中草药香包，很关键的一点就是其中的中药材，中草药香包可以根据不同的情况和需求来配制不同的中药。例如，睡眠不好的人可以选择薰衣草配方的安眠香包，有蚊虫叮咬烦恼的人可以选择驱蚊虫的中药香包。配方不同，功能也会有所差异，这是王秀英制作中草药香包的第一步。徐州香包传承千年古法，选取数十种中药材制成原料填充到香包中，起到驱蚊防潮、调神养气、预防疾病等作用，展现了中国劳动人民的勤劳与智慧（图 4-12）。

图 4-12　制作香包时用的中草药材罐

二、画布片

将想要的图案先画在布片上，便于后续的缝制工作。花卉树木、虫鱼鸟兽、日月风云、楼台亭榭、人物典故等都可以成为香包刺绣的主体，这些生动精美的手工艺品饱含着劳动人民对平安岁月、美好生活的真挚向往。徐州香包上精巧唯美的刺绣图样，将千百年来劳动人民的智慧以及对美好生活的向往，毫无保留地呈现给世人。图 4-13 所示为已经刺绣完成的布片。

图 4-13　已经刺绣完成的布片

三、裁剪纸板

根据想要的香包形状裁剪香包里放置的纸板，将布片聚拢并撑起来。这一步可以使香包版型更加硬挺，不易变形。图 4-14 所示为裁剪好的纸板。

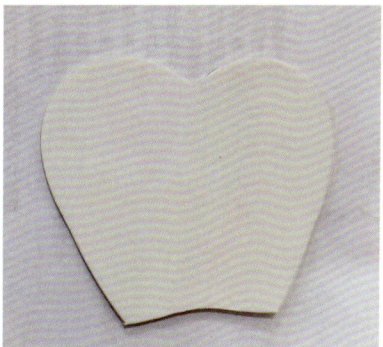

图 4-14　裁剪好的纸板

四、收口

将中药材、纸板缝制在布料里，根据香包的不同类型，采用的缝合手法也有所区别。对于普通的香包，首先裁剪下相应大小的布料，将对折面向里缝合布边，再翻面缝合，并以平针缝合开口处。缝一圈以后把线头收紧，预留一个不大的开口以便装入相应的药材，最后将开口精密地缝合上即可。

五、缝合

对于工艺更加精美的立体造型香包，缝制的手法则更为复杂。为了针脚美观，手工艺者需要将两块已绣好的相同布片面对面开始缝合，缝到大半再翻过来继续缝制，针脚必须做到细腻工整，谨防针脚太大导致药材撒漏（图4-15）。与普通香包相比，立体香包除了需要填充研磨好的药材之外，还需要填充一些棉絮撑起包体以达到令香包立体饱满的目的。

图4-15　王秀英在制作香包

六、锁边

香包形状基本固定后，在香包的侧边进行缝边，此时已基本完成香包主体的制作。徐州香包的包体是完全封闭的，需要独特的锁边工艺将装有棉絮和中药材的香包加以封闭，这也使得徐州香包的手工艺者有相对纯熟的技艺和格外细腻的心思。

七、流苏

香包主体制作完成后，为了美观，还会在香包的底部缝制一个用丝带、珠串（图4-16）做成的流苏或者用彩线打成的中国结作装饰，一个象征着圆满与吉祥的徐州香包就做好了。图4-17所示为装饰用的绳子。

八、包装

香包制作完成后，进行最后的装袋、装盒的包装即可。图4-18所示为包装好的香包。

图4-16　装饰用的珠子

图4-17　装饰用的绳子

图4-18　包装好的香包

第五节　工艺特征与纹样

一、题材丰富，步骤精细

中国吉祥文化自春秋时期就已经有记载，有物体吉祥、行为吉祥、语言吉祥、文字吉祥和数字吉祥等方面，反映了吉祥文化的大致面貌。吉祥的文化观念从古至今不断流传和发展，早已深入人心。

"有图必有意，有意必吉祥"，是对徐州香包纹样最为贴切的描述。物体、语言、文字、数字四方面的吉祥集中反映在徐州香包图案的题材纹样之中，仿其形，表其意，传其神，以动物、植物、文字、人物故事等不同纹样元素之间的组合，采用隐喻、象征等表现手法，使其具有一定的吉祥寓意。而行为的吉祥则通常表现在使用场景和功能上，穿、戴、佩、挂、做等行为之中皆有吉祥之意。香包纹样的不同含义和类型都决定了使用行为。使用行为的不同，也间接对徐州香包的纹样题材产生影响，如虎头帽、虎头鞋等主要为服饰中的穿戴用品，只有在穿戴时才完全表现出老虎护生、护幼的吉祥寓意（图4-19）。

图4-19　王秀英的作品

王秀英凭借其独有的技艺特征，丰富了徐州香包的美学设计。徐州香包装饰纹样题材丰富多元，多来源于创作者所见、所闻、所感，以艺术化的形式呈现在徐州香包之上。经代代传承再创新，徐州香包纹样具备的装饰美感及文化寓意逐渐适用于各种生活场景，各类纹样搭配灵活，寓意也会有所不同。

刺绣上，开创了乱针等绣法并结合名家作品进行刺绣艺术品的再创作，绣出来的作品栩栩如生，笔墨韵味淋漓尽致，有"以针作画""巧夺天工"之称。做工上，有八个步骤，方言俗称："过样子""打样子""扩背子""上样子""绣花""状物""成果""打扮"，制品讲究神似而不求形似。题材上，扩大到花卉树木、虫鱼鸟兽、日月风云、楼台亭榭、几何图案，以及人物等，风格敦厚凝重，厚实中流露出隽永。徐州香包纹样在长期的发展和演变中，已经具备一定的造型方法。徐州香包的纹样以具有隐喻意义的吉祥纹样为主，借助象征、谐音、寓意等手法来进行艺术化造型表现，将暗示性的寓意转化为纹样视觉上的形象。根据徐州香包纹样的造型组合内在规律，分为表意、谐音和动势三种造型方法。

二、多种刺绣针法

"疏影帘栊对绣屏，鸳鸯织就怕针停"。在男耕女织的古代社会，刺绣作为中国女红文化中独具特色的一种类型，是中国古代女性必须要掌握的一种工艺技法。缤纷的丝线经由女子柔美的素手，形成一幅幅曼妙生动的图画。香包刺绣的主要针法约有十种。

1. 乱针绣

乱针绣采用长短针交叉线条，将不同方向、不同颜色的直线线条交叉、重叠、堆积来表现物体的体积感，用分层加色手法表现画面，针法灵活，线条流畅，色彩丰富，层次分明，适合风景图案的香包。

2. 锁绣

锁绣是最古老的刺绣针法。由绣线环圈锁套而成，因刺绣效果似一根锁链而得名，也因外观呈辫子形状，俗称"辫子股针"。锁绣绣法简洁质朴，立体性很强，所以装饰意味更重，绣花图案以抽象为主，多曲线。

3. 齐针绣

齐针绣，即平针、直针。将针线平行或斜向地刺绣在面料上，针脚排列紧密，绣面均匀平整，不重叠，不漏地。齐针是各种针法的基础，要求平、匀、齐、密，边缘自然整齐。

4. 长短针绣

长短针绣由内向外进行，第一层用长短线条参差排列；第二层用等长线条上下参差间隔，嵌入第一层线条的孔隙里；第三层与第一层线条末尾相接，每层末尾相接，而后各层依次类推。长短针绣线条组织灵活，不受色彩层次限制，因此镶色和顺，适宜绣花鸟、人物、树石等。

5. 施针绣

施针绣是指夹在其他针法上的施针，施针针法疏而不密，分叉而不合并，灵活而不死板，参差不齐。香包上的飞鸟走兽纹样，十有八九都是施针绣，显得灵活生动，自然多变。

6. 滚针绣

滚针绣是引线后从绣面倒回绣一斜针，针从前上穿出绣面，再倒回针绣到前斜中部扎下，针脚藏在线下，依次行针。这种针法能体现绣制物象的自然形态，用来绣水纹、云彩、柳条效果很好。

7. 盘金绣

盘金绣又称"平金绣"，与其他绣法最大的区别在于绣线的不同。绣制时绣工首先要将两根金线并合在一起沿着画样儿小心地放好压平，然后开始下针，用颜色相近的绒线将两根金线牢牢地钉在图案上。盘金绣特别适合用于花形夸张简洁、图形平展、装饰性强的纹样，形成对比强烈、艳丽夺目的艺术效果。

8. 打籽绣

打籽绣也叫打子，在绣底上绕一圈于圈心落针，也可以绕针两三圈，于原起针处旁边落针，形成环形疙瘩。此针法可用于花蕾，也可独立用于花卉等图案。

9. 补绣

补绣俗称布贴，源自唐代的堆绫、贴绢工艺，将不同颜色的面料剪成块状，再堆叠、粘贴、缝缀、辅助刺绣、抽纱，拼成多层次的图案，是具有浅浮雕效果的一种织物装饰技法。

10. 网绣

网绣因运用网状组织方法绣制而得名。变化灵活，图案清晰秀丽，具有浓郁的装饰效果。

三、纹样题材广泛

纹样本身历经创造—形成—积累—变化，是一个在发展中形成、在形成中持续完善的过程，具有一定的历史延展性。纹样在一定的时代背景下，将自然实物、人文艺术与思想观念紧密结合后，以视觉表现文化和审美。

徐州香包纹样题材来源大致可从三个方面来说：

一是对自然生活方式的记录。徐州香包的创作主体以淳朴善良的农民为主，在纹样创作中相当一部分灵感直接源于生活。如圈养的牲畜、种植的粮食、随处可见的花鸟鱼虫、赶集的场景等，是创作者最直接的生命供给和生活常态，结合创作者的直观感受和合理的想象，成为具有吉祥寓意的纹样题材。如五毒香包，在医疗不发达的时代，生病时，有时会使用有毒素的动物达到以毒攻毒的治疗作用，所以在香包中将自然界中蝎子、蛇、壁虎（蜘蛛）、蜈蚣、蟾蜍制作成纹样，以期破灾免害。

二是来源于历史故事或民间传说。纹样在表现故事题材时，具有一定的转述作用，通过纹样的绣制，直观表现故事内容和所含寓意。比如"立春日，戴春鸡"讲的就是在立春这一天孩子要在左臂膀上戴上一个打春鸡香包，用于预防天花。相传有一位母亲，她的孩子得了天花，无药可治，她十分焦急。有一天晚上，她梦到一位仙人告诉她，要赶在第二天的立春日做一只布鸡，需要将一公一母两只鸡紧紧缝在一起，公鸡嘴上要衔一颗黄色豆子代表天花，母鸡嘴中要缝一个辣椒代表健康，让鸡把孩子身上的天花病毒吃掉。这位母亲听完后，立刻从梦中惊醒，她连夜缝制，终于在天亮之前做好，并将其戴在了孩子的臂膀上，果然孩子的天花就渐渐好了。从此在立春日戴打春鸡的香包成为习俗并流传至今。在打春鸡故事的加持下，纹样的每一个元素都具有驱除天花这种疾病的防护寓意。类似的将故事内容转化为香包纹样的还有很多，如梁祝的爱情故事、卧冰求鲤的孝道故事等。

三是对佛道宗教元素的运用。数千年间，佛道文化一直是中国主要宗教信仰，来源于佛教和道家文化元素的纹样更是衍生不断。如来源于道家思想中最经典的阴阳太极图，后引申为"喜相逢"纹样。此类纹样在徐州香包纹样造型构图形式中非常常见，纹样造型讲究回旋往复，成双成对，生生不息，具有纳福纳吉的吉祥意义。道教法器中的如意、圆钱、方胜、元宝、花瓶等杂宝纹和道家认为具有长寿寓意的鹤纹等，这些在徐州香包的纹样搭配中也有诸多涉及。来源于佛教文化的卍字、金蝉、双鱼、莲花等纹样在徐州香包中也常作为装饰元素表示吉庆之意，尤其是对莲花的运用。"一花一净土，一土一如来"，莲花被认为是佛祖的宝座，是纯净极乐的象征，与孩童一起出现，有莲花送子和多子多福之意。徐州香包通过纹样，以世俗化的形式对佛教、道教中体现真善美的精神进行表达。徐州香包纹样的使用并不拘泥于某种类别，而是善于融合运用各种题材纹样，达到神意俱美的效果。图4-20所示为王秀英香包中的莲花元素。

徐州香包纹样主要分为动物纹样、植物纹样、人物纹样三类。

图4-20　王秀英香包中的莲花元素

1. 动物纹样

在徐州香包动物纹样分类中，将来源于神话传说中经过人们想象的，具有一定动物特征的纹样和来源于现实中自然环境生长的动物都归结为动物纹样。动物题材纹样的使用，贯穿整个中国工艺美术的发展，客观实际存在以及主观想象加工后的动物形象成为重要纹样题材来源。动物纹样在徐州香包装饰纹样中的地位是不可或缺的。龙、凤纹样是中国传统纹样中最具代表性的纹样题材。徐州香包中龙、凤纹样多以组合形式出现。龙身粗细均匀，龙头偏大，张嘴露齿，龙须飘扬，与凤凰飞舞的长翎相呼应，形成一种动势。五爪金龙与五色凤鸟组合，表现龙凤呈祥的寓意。鱼纹也是较为经典的动物纹样，最早可追溯到仰韶文化时期的半坡鱼纹，其在徐州香包中具有相当多的表现形式，有平面刺绣或拼贴鱼纹，也有立体鱼形香包。常见的鱼纹多与莲花、孩童等元素组合，共同表达吉祥、多财、多子的寓意。老虎也是徐州香包常使用的纹样，是雄健威武的象征。虎头鞋、虎头帽、布袋老虎等，各类老虎造型的纹样在香包上的表现形式层出不穷。除此之外，五毒、十二生肖、鸳鸯、蝴蝶、蜻蜓、喜鹊、蝙蝠、龟、鹤、孔雀、猫等也常作为吉祥纹样，绣在香包包面或作为包面底纹直接进行缝制。徐州香包对动物纹样的选材，着重借助动物本身所具有的形态特征和后期人们赋予的文化寓意进行创作，以表达丰富的美好寓意。图4-21所示为王秀英香包中的祥龙元素。

图4-21　王秀英香包中的祥龙元素

2. 植物纹样

在自然环境中，植物种类繁多，其枝、叶、茎、果自带一种自然美感，具有较强的造型张力，植物题材的纹样自然也十分丰富。花叶果木类造型在徐州香包纹样中所占比重较大，艺术表现形式丰富。尤其是花果类纹样，常见的有牡丹、莲花、葫芦、石榴、葡萄、桃等，多使用打籽绣、平针绣等针法，对花瓣和枝茎精心勾勒，强调花叶本身的娇美柔韧以及果实的丰硕。香包上的植物纹样除了起到装饰作用，还具有表现高尚品德情操的象征作用。梅兰竹菊被誉为"花中四君子"，松竹梅又被称为"岁寒三友"，这些是古代文人墨客诗画作品中最常出现的植物，代表了高尚的品德和不屈的意志，是咏物言志的代表。图4-22所示为王秀英香包《日月同辉》，其中就体现了植物元素。

3. 人物纹样

徐州香包的人物题材纹样，一般以组合形式出现，神话人物、传说故事、戏曲人物、生活场景中都有对人物纹样的刻画。人物纹样着重刻画人物的服饰，人物关系清晰，故事情节生动。一些描述民间故事的人物纹样一般带有一定的教育意义，创作者希望通过香包起到教化子孙后世的作用。图4-23所示为王秀英香包《公子香帽》，其中就有人物纹样。

图4-22　王秀英香包《日月同辉》

图4-23　王秀英香包《公子香帽》

第六节　作品赏析

一、服饰类香包作品

香包工艺品《公子香帽》（图 4-24），把中药与孩童所戴的帽子相结合，制作出带有中药香味的公子香帽。古代苏北民间公子香帽，为男童所戴。受文化影响，民间妇女喜欢将男童帽做成乌纱帽形状，祈望孩子将来仕途辉煌，大富大贵。

《瓦房帽》创作灵感来源于云南彝族的瓦房帽，增添了香包元素，小香包像几个小灯笼一样垂吊在帽子边缘，小灯笼状的香包比一般香包用料更丰富，缝制更紧实，更加考验绣娘手艺（图 4-25）。作品既增加了防蚊虫的功效，又在外貌上增添一些小巧思，寓意民族大融合。

《八鸡香篮》（图 4-26）是 20 世纪七八十年代或更早期的作品，是徐州贾汪地区女孩出嫁时放首饰和发饰的提篮。提篮一圈立体的八个鸡头代表着八方吉祥；侧面的石榴配桃，寓意升官坐朝；底座刺绣的莲花，寓意和和美美。整个作品艳丽夺目，凝聚着新人对新生活最美好的期待。

图 4-24　《公子香帽》　　　图 4-25　《瓦房帽》　　　图 4-26　《八鸡香篮》
　　　　　香包作品

图 4-27 所示的针棒香包，是王秀英香包店里销量最高的一款香包。这是一个用丝绸制作的细长小挂件，上面绣制了山峰、祥云、江崖等元素，蕴含"福山寿海"的吉祥之意。"这是我小时候做针线活儿时候自己特意做的，专门用来放针，叫作'针棒'，挂在脖子上，很方便。现在我们给它改名叫'真棒'，寓意身体棒棒！"

图 4-28 所示的《轿顶帽》香包，形状像轿子的顶端，故起名为轿顶帽。作品寄托了对学子求功名，屡考屡中，一帆风顺的美好祝愿。

图 4-27　针棒香包

图 4-28　《轿顶帽》

二、红色纪念类香包作品

创作作品《不忘初心》（图 4-29），寓意只有牢记最初的目标，才会有前进的动力，才能克服困难，在前进的路上不迷路。牢记使命，就是为实现共产主义而奋斗终生！

《我爱你，中国》香包作品情感表达丰富强烈，准确表达和抒发了对祖国的赞美和热爱（图 4-30）。

图 4-31 所示的扇形香包作品《云起龙骧》，如云涌升，如龙腾起。在这个时代，我们需要有云起龙骧的气势，去追求自己的梦想和目标。

图 4-29　《不忘初心》
香包作品

图 4-30　《我爱你，中国》
香包作品

图 4-31　扇形香包作品
《云起龙骧》

三、动物类香包作品

图 4-32 所示为《金蝉香包》，是王秀英早期绣制的香包作品，希望通过香包上承载的吉祥寓意获得福气的同时可以驱逐灾病。图 4-33 所示为《五毒金蝉包》，五毒中的蜈蚣、蛇、蟾蜍、壁虎、蝎子的小范围局部，如背部花纹或眼睛处皆选用短、平、亮的彩线以示突出，彩线与五毒身体主色从色相到使用范围形成鲜明视觉对比。

红配黄、红配绿、黄配绿、黄配白、白配黑等搭配虽较为固定，但在组合方式上自由灵活，主观性明显。

图4-34所示为《鸳鸯戏水》香包作品。鸳鸯在人们的心目中是永恒爱情的象征，是一夫一妻、相亲相爱、白头偕老的表率，所以人们常将鸳鸯的图案绣在各种各样的物品上送给自己喜欢的人，以此表达自己的爱意。

图4-32　《金蝉香包》　　　图4-33　《五毒金蝉包》　　　图4-34　《鸳鸯戏水》

四、创新图样

孙歌尧团队开发的"国潮经典"图样系列（图4-35），将经典的国潮形象融入香包设计中。经过改良的京剧脸谱、具有现代感的十二生肖、拥有动漫特征的神话人物形象等，通过工艺技术的创新改革，加入当下消费者喜爱的艺术元素，力求得到"国潮"爱好者们的青睐。图4-36所示为"红色经典"图样系列。如今，在中国共产党

图4-35　孙歌尧"国潮经典"图样系列

的领导下，我国的国际地位不断提升，人民幸福指数也不断攀升，正朝着"富强、民主、文明、和谐"的美好愿景不断前进。"古韵歌尧"图样系列（图4-37）兼具优雅古风与高端定制的特点，由苏绣大师姚慧芬担纲技术顾问，由专业的刺绣工艺者进行手工绣制，是继承苏绣精髓、面向高端定制市场的图样系列。

图 4-36　孙歌尧"红色经典"图样系列

图 4-37　孙歌尧"古韵歌尧"图样系列

第七节　传承人专访

　　为更进一步了解徐州香包，团队深入徐州王秀英香包基地进行调研，并对传承人王秀英进行了专访。

一、您是如何接触到徐州香包这项传统技艺的？

王秀英：我们这个手艺是家族传承的。我从小在家里看着姥姥和妈妈缝香包，耳濡目染，12岁的时候，照着姥姥的小桃香包，我试着缝出了自己的第一个香包，大家都夸我缝得好。自此，我就开始缝香包了。去赶大集时，我们摊位的香包都能被抢购一空，我就知道我的手艺已经足够传承我们的香包项目了。2017年，习近平总书记来访，买走了我缝制的针棒香包，他鼓励我坚持我的事业，坚定地将徐州香包非遗项目传承下去。我备受鼓舞，一定做好非遗技艺传承，将徐州香包技艺发扬光大。

二、您对学徒有哪些选择标准？您是如何培养学徒的？

王秀英：首先要能拿得住针，有很多来学的人，他们基本功不行，拿不住针，一缝就变形，慢慢地他们自己就不再来了。我这里的固定学徒没有太多，她们都是经过很多年的手艺磨炼的，因为学徒培养不是一蹴而就的，而是一个长期过程。到我这里来学习，首先要从我刚刚说的步骤开始，一个步骤一个步骤地练习，练好了第一个步骤才能开始下一个步骤，一遍、两遍、十遍、百遍地重复，直到达到标准，这不是三两天的工夫。

三、政府或者乡镇里有没有给予您一些帮助？

王秀英：我们马庄村给我提供了很多帮助，之前大集的时候专门为我准备了两个摊位让我售卖我们的香包，并且找了很多村民来帮我们销售。另外，马庄村帮我们设立了这个工作室，让我们安心创作，我们都很感激马庄村对我们的照顾。习近平总书记来访问的时候也说了，让我们就这样干下去，精致地、高质地干下去，我们当然不能辜负大家对我们徐州香包的期望，我要把每个香包做得更好，把徐州香包的名声打得更响亮，才不愧对马庄村，不愧对国家对我们的帮助。

四、您参加过哪些宣传活动？大家对徐州香包的评价如何？

王秀英：我们经常出去参加展览、博览会，比如2023年第四届长三角国际文化产业博览会、2023年中国国际旅游交易会等。大家对我们徐州香包的评价很好，到哪里大家都知道我们王秀英中草药香包，对我们徐州香包赞不绝口，夸我们的绣工精致、缝技精巧、种类丰富、功效出众。

五、一个学徒要想学会制作一个香包大概要多久？

王秀英：我们的香包制作其实没有那么难，关键在于每一步都要细致，有的手巧的人短短几天就能学会，但对于一些手不太灵活的、平时没拿过针的人来说，针都拿不好，布也钻不透，怎么做都别扭，有可能几个月都学不会。所以还是需要有一定的缝纫功底，只要下定决心肯学、肯干，学会这些技艺并不难。

六、您对徐州香包未来发展有哪些期待？

王秀英：我当然是希望更多的人认识我们的中草药香包，这些年我也积极地参加了很多博览会、展览会，就是希望徐州香包走出徐州。另外，我更希望更多人喜欢我们的中草药香包。我的孙女加入传承行列，让我们的香包作品更加年轻化，她很有自己的想法，做出了很多创意香包。我希望未来有更多年轻人加入我们徐州香包的传承中来，让我们徐州香包走出国门，走向世界！

第八节　传承现状与对策

一、传承现状

1. 图样较为传统，不够创新

作为国家级非物质文化遗产，徐州香包蕴含的价值毋庸置疑，不过，作为一件历经千年的手工艺品，徐州香包在当代社会也面临困境。传统的徐州香包无论是图样还是造型都保留着浓重的历史特征，龙凤呈祥、梅兰竹菊的图样虽然精致美观，但不完全符合当代人的审美。尤其是现代的年轻人，过于传统的配色、图案、造型难以引起他们的兴趣。

2. 香包制作工艺复杂，传承困难

徐州香包的制作是一个十分复杂的过程，每一步都需要手工艺者倾尽心血。尤其是刺绣环节，徐州香包的刺绣主要受苏绣技法的影响，一根丝线可拆分成64股细线，对手工艺者的技艺和耐心有极高的要求。传统徐州香包的制作耗时耗力，效率十分低下，除了一些老人，当地几乎没有年轻人能拥有足够的技艺和耐心去完成这项工作。

3. 香包功能较单一

在实用性方面，传统的徐州香包由于功能不明、品种单一而无法满足人们的生活需求，使得徐州香包这样的"古老智慧"在当今社会几乎没有了用武之地。

二、传承对策

面对这样的窘境，徐州香包第五代传承人——孙歌尧，用她独特的艺术眼光重新审视这项古老的民间工艺。作为传承人，她的心中饱含着对这项古老技艺的无限情感；同时，作为一个新时代的学生，她意识到想要保护这项传统工艺，让它能够传承下去，就必须与时俱进，做出改变。这两种情绪在孙歌尧的心中激烈碰撞，她渴望寻找到传承与创新之间最微妙的平衡，努力在不破坏传统精髓的基础上突破桎梏，决心为徐州香包开拓出一片更加广阔的天地。孙歌尧及其团队对徐州香包进行了很多革新：图样更新，开发了许多创新图样；技术革新，不断提高制作效率；功能革新，

个性化定制中草药材料。此外，还需要更多传承对策的支持。

1. 提升徐州香包知名度

"酒香也怕巷子深"，徐州香包应该走出徐州，走向世界，打通各类消费群体市场。首先，调查分析各类消费群体的特点、需求和偏好，联合抖音、小红书等新媒体平台进行靶向性宣传推广，利用短视频引流、KOL推荐配合线下亲身体验制作香包等活动提升徐州香包在现代社会的热度和知名度。其次，多渠道弘扬徐州香包文化，可以与国内各地博物馆、文创机构合作，举办徐州香包历史文化巡展，向公众全方位展示徐州香包的起源、演变、技艺等。

2. 完善徐州香包产业链

徐州香包工艺复杂，制作流程烦琐，令许多想要加入的年轻人望而却步。在此次调研过程中发现王秀英工作室中年轻绣娘较少，顾客也稀稀落落。这就更需要完善香包产业链，提升生产、运输、售卖各环节的效率，也需要进一步拓展营销渠道，线上线下联合运营，运用高端生产技术，配合以精密的运输网络，送达各个售卖点。在香包产业逐渐扩大的同时，当地政府还要为徐州香包的制作建立起质量检验体系，对于工业生产的香包，组织专家制订工艺流程、原材料选择、图案设计等各方面的标准，建立质量评价体系，既可以更加规范传统技艺的传承，也是维护徐州香包品牌形象的重要举措。

3. 结合高校与科技进行研发创新

徐州香包创新力量不足，仅靠一位年轻传承人很难持续创新。联合本地高校研发创新图案、功能，建立高校内香包非遗研发＋传承基地，以王秀英为传承人导师，开展高校内香包非遗选修课、组建社团等项目，为徐州香包创新发展提供源源不断的动力。另外，相关单位可以加快建立徐州香包非物质文化遗产数字展馆，实现非物质文化遗产展馆从实体空间向虚拟空间的延伸，为群众带来独特的观展体验和视觉享受。

第五章

常州乱针绣

刺绣是中国特有的工艺品种，久远的历史没有泯灭刺绣的代代传承。刺绣有3000年左右的历史，早在文字出现以前，刺绣就已经出现。苏、蜀、粤、湘四种以省名简称的地方绣，因人才辈出、作品丰富，被称为中国的"四大名绣"。其中，苏绣凭借江苏人杰地灵、文化底蕴深厚的优势而最负盛名。"苏绣"是指苏、锡、常、扬、通等地的绣品。苏绣中的常州乱针绣，学名"正则绣"，始于20世纪20年代，由著名画家、美术教育家丹阳吕凤子先生和其学生常州杨守玉女士，经潜心研究、长期摸索创造出来的一种新绣种。杨守玉女士的关门弟子、国家级工艺美术大师陈亚先女士在1960年成立了常州市工艺美术研究所，通过技术改良和质量管理，使常州乱针绣名扬海外。2020年9月，周明敏被江苏省文化和旅游厅认定为江苏省非物质文化遗产"乱针绣"代表性传承人（图5-1）。2021年5月24日，常州乱针绣被列入第五批国家级非物质文化遗产代表性项目名录（表5-1）。

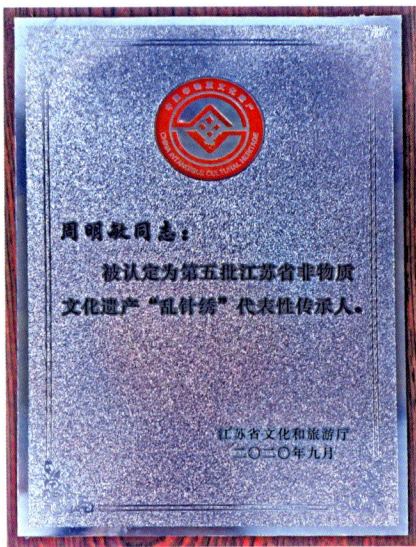

图5-1 常州乱针绣代表性传承人证书

表5-1 项目简介

名录名称	常州乱针绣
名录类别	传统美术
名录级别	国家级
申报单位或地区	江苏省常州市
代表性传承人	周明敏

第一节 起源与发展

一、常州乱针绣的起源

杨守玉发明乱针绣之前，中国的刺绣都是平针绣。平针绣主要表现平面世界，明清时代起至中国近代，平面绣品是中国刺绣的主流。对于中国刺绣而言，常州才女杨守玉创造了一种全新的针法——乱针绣。杨守玉发明的乱针绣，可以说是中国刺绣的一次革命性成果。此后，刺绣开始表现立体世界，成为一个艺术品种，登堂入室，广受大众喜爱。杨守玉受到五四运动美术先驱刘海粟、吕凤子的启蒙，是五四新文化运动的参与者、妇女解放运动的实践者、中国刺绣的革命者。从这个角度来讲，乱针绣是五四新文化运动的启蒙成果之一，是古为今用、西为中用的新文化创造成果之一，是妇女解放运动的成果之一。文献记载，常州乱针绣通过传统的"师徒制"进行传承，这一制度包括了师徒传承与家族传承，通过传承人的口传心授，被传承者掌握各种刺绣技艺及运针技巧。

二、常州乱针绣的发展

第一代传承人为吕凤子与杨守玉，二人熟知西方绘画理念，将炉火纯青的绘画技艺带入刺绣中，作品色调沉稳大气，风格粗犷。

第二代传承人陈亚先、吕去疾等人进一步受西方油画的影响，接受相对系统的西方艺术教育，对西方印象派等画风有了更为全面和专业的理解，因此作品更类似油画的艺术效果，色彩搭配丰富明快。

发展传承至第三代传承人时，周明敏等人，开始更多地接受西方多元化思想以及现代传播速度极快的艺术风貌，在前人的基础上，更进一步探索西洋画面针法，在对所绣纹样色彩和造型的把控上有了明显的提升。本次调研主要访问传承人周明敏，其师从中国工艺美术大师陈亚先，目前任研究员级高级工艺美术师，江苏省工艺美术大师，江苏省工艺美术名人，江苏省非物质文化遗产"乱针绣"代表性传承人，常州工艺美术家协会理事、副秘书长，杨守玉乱针绣艺术研究会副会长，中国工艺美术协会高级会员，江苏省工艺美术协会会员。

图5-2所示为常州乱针绣传承谱系。

091

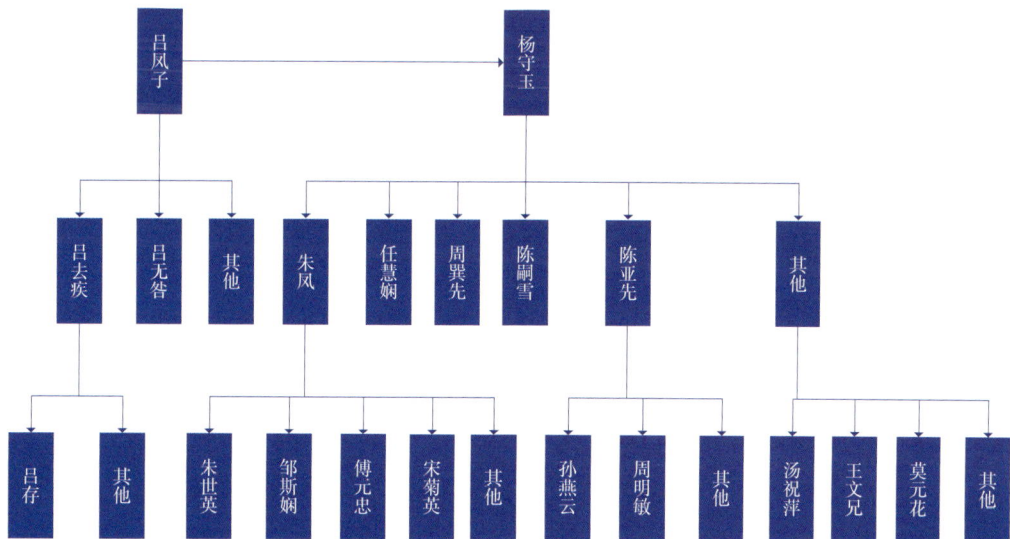

图5-2 常州乱针绣传承谱系

周明敏，女，1958年生，江苏常州人。1976年考入常州工艺美术研究所，师从乱针绣创始人杨守玉的关门弟子中国工艺美术大师陈亚先，2006年创办常州市周明敏乱针绣工作室，多年来一直参与乱针绣一线的研究、设计工作，作品远销海内外，极具收藏价值。多幅作品获得国家级、省级的各类奖项，代表作品有《红衣少年》《时尚女郎》《小虎》等。她在实践的同时也对乱针绣理论进行了研究，发表了《浅谈乱针绣的传承与创新》《针林瑰宝——乱针绣》《试论常州乱针绣艺术》等论文。图5-3所示为周明敏的部分作品。表5-2列出了传承人所获部分荣誉及证书。

图 5-3　周明敏的部分作品

表5-2　传承人所获部分荣誉及证书

获奖时间	奖项名称	颁奖单位	证书
2011 年 3 月	"金凤凰"创新产品设计大奖赛铜奖	中国工艺美术协会	
2011 年 11 月	第五届江苏省工艺美术名人荣誉称号	江苏省经济和信息化委员会	
2014 年	2014 上海国际礼品文艺品创意设计展览会工艺美术金奖	中国工艺美术学会	
2016 年 12 月	第六届江苏省工艺美术大师荣誉称号	江苏省人民政府	

第二节　风俗趣事

　　周明敏的乱针绣水平出神入化，而40年前她并不喜欢乱针绣，她喜欢的是画画。"1976年，我听说常州市工艺美术研究所招聘，就捧着自己画的素描作品去'毛遂自荐'，研究所领导很赞赏。我就这样来到了工艺美术研究所。"周明敏满心欢喜地来到了油画组，画起了油画。这也是周明敏毕业后的第一份工作。不久，领导要挑选一批有绘画功底的青年学习常州传统技艺乱针绣，她心里并不乐意，虽然捱了好几天，但抵不过身边的人好言相劝。一些老师傅和她说心里话："你有绘画基础，以后一定学得快，学得好，学出成绩！"于是周明敏潜心于飞针走线，跟着陈亚先、潘细琴、沈莲英老师学习了基本的配线、剥线和穿眼线技术，开始了一针一线的绣娘生涯。她的处女作就是研究所里老画家杨永康创作的一幅风景画，画面上亭台楼阁、树石山水，十分复杂。可周明敏硬是靠着自己的悟性，像模像样地绣出了这件作品。师傅们都非常惊讶："有灵气、针法松，到底学过画。"很快，更复杂的《三潭印月》《万里长城》一幅接一幅地诞生。《万里长城》还没绣完时，市领导带来了一批外宾，他们绕着绣架转来转去，最后在周明敏的绣架前停下脚步，当场就有一位外宾订下了这幅绣品，定价800元，而那时她的工资才十几元。

　　研究所顾问、艺术大师刘海粟到研究所里来参观，在周明敏绣制的《麦田》前左看右看，横看竖看，激动地说："油画二度创作就要体现原作的精神。"当面聆听大师教诲，周明敏觉得这一天是非常有意义的一天。日子一天天过去，她的技艺也日臻完美。也许一生就这样波澜不惊，但一场飞来横祸打破了日子的平静：她突遭车祸。在病床上，她想了很多：多年来虽说创作了一些好作品，但仍有放不开手脚之感。伤情养好后，她做出了人生最重要的一个决定：成立乱针绣工作室。在实践中，她觉得世间万物都有自己的特点，她向自然、向书本、向前辈学习。经过一段时间的探索，她找到了感觉，针法也在她的手下变得灵动活泼，凸显各种事物的肌理，"油画粗犷，绣品要有油画的风格，中国水墨细腻，绣品针法要有章法，要'乱'而不乱"。

第三节 制作材料与工具

常州乱针绣，技法复杂，不易精通，线条纵横交错间需要勾勒出光影和色彩明暗，这不仅需要绣娘手艺精湛，还需要一些材料和工具。

一、制作材料

乱针绣虽成品形似于画，但构线设色技术大异于画，并且异于其他绣，不但绣的技法异于其他绣，绣的材料也和其他绣不同。

（1）乱针绣是丝线、纱线、丝纱混合线三者并用的，一般暗处用纱线，明处用丝线，明暗之间用丝纱混合线（图5-4～图5-6）。

（2）绣地是丝织物、纱织物、毛织物三者并用，纱地取其暗，丝地取其明，毛地取其毛，视所绣事物而异其地。

（3）乱针绣的丝线是蚕丝线，蚕丝线绣成的作品经久耐用，坚韧无弹性，无瑕疵，无凹凸面，吸湿性能好，具有一定光洁度。蚕丝线经精细加工，色彩艳丽，属原生态制品。乱针绣一般以名画为样稿，也可以自己画稿来刺绣，用蚕丝线绣成的绣品，在光影之间更能体现出绣娘对色彩明暗的把控，光彩夺目，熠熠生辉，具有很高的欣赏价值和收藏价值。

图5-4　蚕丝线　　　　　图5-5　纱线　　　　　图5-6　丝纱混合线

二、制作工具

常州乱针绣在制作过程中主要使用的工具包括绣架、绣绷、剪刀和绣花针。

1.绣架和绣绷

常州乱针绣需要反复交错下针，悬空刺绣会更方便，绣架正是为了架起并撑紧绣布，保持绣布平整避免皱褶或变形，使绣制过程更加顺畅，提高绣制效率。绣架

有助于绣者的手和眼睛更加自然地协调，更容易找到正确的位置，同时集中注意力，避免分心。绣绷可以使绣品更加牢固，增强强度，避免出现翘边、豁口等情况，也可以为绣品提供一个稳定的背景，使线条更加牢固，整体效果更加美观。图5-7所示为周明敏工作室的绣架和绣绷。

图5-7　周明敏工作室的绣架和绣绷

2.剪刀

剪刀以小巧者为佳，刀锋要紧密，刀刃要锋利（图5-8）。一般用来剪掉多余的线头，保持绣面整洁美观，也可以用来雕绣和抽丝。一般用翘头小剪刀，这样可以防止剪刀头碰坏绣地。

3.绣花针

绣花针就是家用针，可以根据不同的图样设计选择不同粗细型号的绣花针（图5-9）。常州乱针绣出神入化之处就在于绣娘用最普通的工具，熟练地交错反复下针，造就了精彩绝伦的作品。

图5-8　剪刀
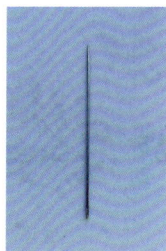
图5-9　绣花针

第四节　制作工艺与技法

一、针法风格

乱针绣运用作画的方法来绣出绣品，通过绣线一次次地加色，层层掺合，就像画家调制颜料，成品色彩丰富，形象丰满。

乱针绣中的线和色与画中线和色也有不同的地方。

（1）线特别刚、柔、腴、瘠、抑塞、舒快，这是二者相通的；画中线有整体性，乱针绣中线是由无数长短不一的乱直线构成。这是乱针绣中线和普通画中线最不同的一点，也正是乱针绣特有的勾线技术。

（2）色的明暗变化，绣和画是相同的。乱针绣中色运用掺和法，用多色线错综掺和，或顺序掺和，或一次掺和后再次掺和，或排多色成一线掺和，或揉多色成一线掺和，掺和后仍保留原来的多色，相比用单一色排比成画，有更多变化。这是乱针绣中色与画中色最不同的一点，也就是乱针绣特有的设色技术。

二、工艺步骤

乱针绣借鉴油画画法。

第一层平铺打底，勾勒出画面的轮廓（图5-10）、位置关系和色彩基调。

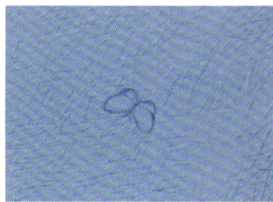

图5-10　乱针绣勾勒线条

第二层做细，采用先大后小、先背景后对象的绣法，对画面细节进行进一步刻画，特别是要注意对象之间的相互关系，要注意光源的颜色和环境的颜色。图5-11所示为正在制作的乱针绣作品。

最后，对画面的细节关系进行调整，使物体的光线和色调统一起来，使画面的整体意境得到提升。

相对于传统刺绣，乱针绣对创作者针法的要求更高，更加注重画面情感的表达，讲究"绣画一体"的美学原则，强调创作者以情感为原动力，以审美原则为框架，以针法为手段，将针法与情感融合在一起，挣脱针法对创作者的束缚，从而创造出与众不同的作品。作品色彩光影交错，栩栩如生（图5-12）。

图5-11　正在制作的乱针绣作品

图5-12　乱针绣作品

第五节　工艺特征与内容题材

一、独树一帜的技法风格

乱针绣与其他绣品、绣法相比，区别在于乱针绣是艺术性为主、工艺性为辅，强调艺术而非工艺。苏绣的针法工艺，以"平、齐、和、光、顺、匀"为特色。"平"，指绣面平展；"齐"，指边缘齐整；"和"，指设色适宜；"光"，指光色鲜明；"顺"，指丝理圆转；"匀"，指精细均匀。乱针绣，属于广义苏绣范畴，又是苏绣的革新，青出于蓝而胜于蓝，在苏绣"平、齐、和、光、顺、匀"的基础上，独创"乱、叠、杂、透、谐"五字诀。"乱"，指针法纷披；"叠"，指绣层三叠；"杂"，指设色斑驳；"透"，指透视规范；"谐"，指乱中求谐。与传统苏绣相比，乱针绣针法无定向，绣面需三层重叠，调色不拘于本色而诸色杂陈，图案透视不用中国绘画的"散点透视"而用西方绘画的"焦点透视"，于杂色铺陈中，追求和谐的立体画面，展现似西方油画又不是油画的艺术效果。

常州乱针绣内含的文化精神及独到的表达方式注定它是兼备美术性和工艺性的艺术品。它用针灵活大胆，创造无数种变化与可能。从针法结构上可分为小乱针（三角针）和大乱针（乱针）。小乱针常用于绣制背景，根据作品大小，一般用 2~4 根小线进行铺设，针线方向没有规律性，由中心向四周分散，线条不受光线影响。大乱针分为竖交叉、横（平）交叉、斜交叉、倒转针和打籽绣（图 5-13）。在绣制之前需要根据设想画面的颜色选取合适色泽的绣线，再根据场景物体等对象选取相应的针法，比如房屋、树木一般采用竖交叉，水面、天空采用横交叉，桥梁采用斜交叉。倒转针是比较特殊的一种针法，是将针线串出去半格，在原来的线段中间描出去绣的新方法，多用于花卉、屋顶上的勾边，适合收尾。打籽绣一般在刺绣作品中用得不多，用法类似绘画中提亮高光，对画面起到点睛的作用。此外，一般在绣制作品时，还要注意线条的粗细、转折的处理等细节，先绣背景色、环境色，再绣画面主题内容。

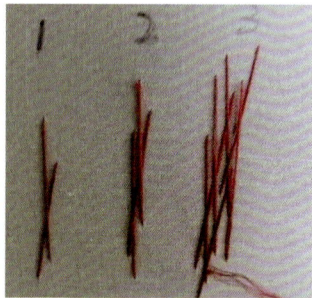

图 5-13 大乱针下针技法

二、色彩与乱针技法的巧妙结合

乱针绣的"乱"指的是针法无拘无束，近看毫无章法，好似全凭绣娘心意下针，远看却又光影交错，似画似绣，这便是"形散意不散"，这样的技艺全凭绣娘对色彩和针法的极致把握。

（1）乱针绣所用的线，其中大有章法。为了表现出层层叠进的色彩晕染，绣娘往往需要"劈丝"，就是将一股丝线分成几股更细的丝线，这样绣出的绣品，粗中有细，细中有粗，粗细交错，色彩晕染更加自然细腻。

（2）层层交错的技法。乱针绣的针法十分讲究，近看边缘处好似不修边幅，线条发散，密集处却又重重交叠，好似利刃。绣娘将自身牢固的绘画功底融入乱针绣的创作中，利用边缘发散的线条营造出自然晕开的淡淡光影感，利用交叠的线条来表现颜色深浅。

三、乱中有序的精妙之道

（1）画稿一定要自己画，自己画的画稿本身就有自己的情意在上面。如采用现成的画稿，也要自己先画一张，把自己的情意加进去，能表现出自己情意的作品，才是属于自己的作品。

（2）绣面上第一层线条，决定这幅作品的水平。这层线条不是可有可无的，而是非常重要的。有了这层线条，方能展现绣与画的区别。

（3）线条乱，要乱得有理，要清楚每根线条都是在表现什么。无理的线条是死线条，会破坏画面的统一。

（4）丝线本身光泽度强，最适宜表现光感。

（5）线条的长短、粗细、虚实和层次，以及是否运用得当，决定了一幅作品的水平。画面要有一定厚度，各种形象的质地不同，分量有轻有重，作品要能把重量感表现出来（图5-14）。

图5-14　周明敏作品中的线条赏析（局部）

第六节　作品赏析

周明敏手艺精巧，一件件作品从她手中诞生：《花神》《老虎》《烛光》……《月亮女神》获2012年工艺美术大师作品暨工艺美术精品博览会金奖；《阳光女孩》获2015年中国工艺美术"华艺杯"优秀作品金奖；《草原雄鹰》获2015年中国工艺美术"百花奖"（莆田）金奖……她也是研究员级高级工艺美术师、江苏省工艺美术名人，还担任了常州市杨守玉乱针绣艺术研究会副会长、常州市工艺美术家协会副秘书长等职务。很多人慕名而来，她也把这当作乱针绣发扬光大的好机会，倾尽全力亲授技艺。周明敏把培养下一代当作肩头上一份沉甸甸的责任。她还在社区进行公益培训，向乱针绣爱好者和社区的一些退休职工传授技艺。她的工作室还每周派老师到勤业小学，教孩子们学习乱针绣，传承优秀的乱针绣文化。她说，自己最大的心愿是看到乱针绣的"满园春色"！

一、人物作品

乱针绣人像与传统刺绣人像所用针法大相径庭。传统刺绣人像在进行人物面部刺绣时有固定而明晰的针法，而在乱针绣中一般采用劈丝交叉绣的方式，针法千变万化，随着脸部轮廓和肌肉起伏，并没有明确的限制，看似随心所欲，实则针针随形。因人分男女老幼，情有喜怒哀乐，神态更是因人而异、千变万化，所以乱针绣人像的难度特别大。要达到形神兼备，就要注意人物的线条和色彩。首先要考虑的就是外形，也就是人物的轮廓。轮廓是否精准是人物像与不像的关键。在勾画绣稿时，人物的外形轮廓和五官等细节轮廓都需要分清主次，一一画出。外形轮廓在勾画时用笔较粗较实，细节轮廓则用细线虚实相加，对于特征明显的眼睛、鼻梁、眉毛等地方更需细节刻画。色彩则是整个画面的灵魂，画面的明暗、浓淡、色调，以及人物关系的表达都离不开色彩。在刻画人物面部时，需用基线色以桥针交叉打底，然后先淡后浓，先简后繁，跟绘画的原理一样，色彩层层铺进才能达到丰富传神的效果。明暗部的色彩关系一定要相得益彰，明部不能过分突出，暗部也不能一团死寂，明暗交接处则需中间色线与明暗部的色线混合绣制，这样画面才具有空气感和流动感。

图5-15所示是一个活泼开朗的小女孩，有着一双水灵灵的眼睛，有时像个刚破茧的小蝴蝶，有时又安静得让人心软。小女孩天真无邪，纯洁美好，她的微笑就像春日里的阳光，温暖宜人。作品立体感强，线条流畅，色彩丰富，层次感强，颇有西洋油画的效果。

图5-15　乱针绣作品《童真》

乱针绣作品《时尚女郎》（图5-16），时髦的女郎手抱小狗，眼神高傲，穿搭时尚，展现出光彩照人的气质和风采，风格鲜明，呼之欲出。

乱针绣作品《红衣少年》（图5-17）是周明敏的代表作品之一，该作品参加了2000年中国杭州西湖博览会精品展，并被常州博物馆收藏。作品中身着红衣的少年发丝根根分明，眼神中透露着对世界的好奇与渴望，色彩温馨，栩栩如生。

图5-16　《时尚女郎》

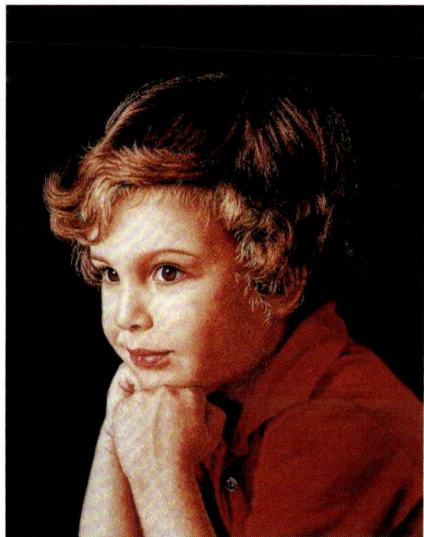

图5-17　《红衣少年》

二、动物作品

动物绣片的材料是最普通的布料，在绣制过程中，要注重质感、肌理等细节。在制作时，首先要考虑动物的眼睛部位的立体感，在刻画时用针要均匀，切忌将所有的针线都打到眼睛上面。其次是对于动物毛发等部位的处理，最好采用平针绣法（图5-18、图5-19）。最后在绣制过程中，对不同部位要采用不同的针法。绣制花鸟，可选择质地较薄较硬、表面纹理细腻的布片，进行平绣。根据需要，还可以在布片上进行打点，使其自然流畅地呈现出花叶的纹理效果。如果在布片上进行打点，需要用轻一点的力度来打点，让其自然地形成斑驳、疏密有致的肌理效果。如果绣鸟，在打点时，要根据鸟的形态来灵活地掌握针法。因为鸟总是飞起落下，所以在绣制时要特别注意鸟的形态和位置，通过调整针法，更好地表现出鸟的灵动活泼。由于鸟身上有羽毛等附着物，所以在绣制时可以选择不同针法和不同颜色的丝线来表现鸟的质感和肌理效果。

图5-20所示为乱针绣作品《天鹅》。休息中的天鹅，姿态轻盈优美，安静怡然，好不惬意，犹如白日里一道亮丽的风景线，煞是可爱，与波光粼粼的水面构成一幅美丽的画卷。

三、风景类作品

乱针绣风景类作品一般以写实绣稿为主，如表现亭台楼阁、小桥流水的园林风景，树木郁郁葱葱的自然风景，带有纪念性质的革命圣地。它的物像内容丰富，光线明暗复杂，空间距离变化多端。绣制时要准确掌握色彩的变化和远近明暗的层次表现。

图 5-18　乱针绣作品《小虎》

图 5-19　乱针绣动物作品

图 5-20　乱针绣作品《天鹅》

轮廓：要表现出绣面上物象之间的相互关系，近景的轮廓刻画宜清楚，越往远处，越模糊，表现天地之间、天水之间等旷达深远的景象时，轮廓要融合，不宜刻画清楚。

色彩：近景色彩要具体、鲜艳，而中景和远景，色彩变化宜逐渐带灰、紫等色，要注意绣面上色调的统一，局部色彩要服从整体色调。

线条：根据绣面上不同物象的质感，运用粗细不同、方向不同、交叉角度不同的线条分别表现。

天空：要表现出不同的季节和时间，因此绣制时会根据需要而变化。一般以天蓝、青、青灰等基本色线为主，根据近、中、远的层次分别施色。近处天空色彩明朗，用天蓝和青色线绣；中间以稍淡的青色线为主；远处色线用淡青、青灰、淡豆灰等色，需要时可以适当施加阳光色线。不同色线在过渡、交接的地方，线条要注意相互交叉，避免接色痕迹，近处天空线条交叉宜乱，越往远处，线条交叉越渐趋平整，线条丝理可以采用统一的水平交叉方法。

静水倒影：实物在静水中倒影的轮廓清楚，倒影色线与实物可稍加区别，受光部较实物淡，背光部较实物深，按水平方向交叉绣制，在有的部位可以用水色线一丝并合绣制，使之有水气感。

图5-21所示为周明敏乱针绣风景作品。

图 5-21　周明敏乱针绣风景作品

第七节　传承人专访

一、您是怎么接触到乱针绣的？

周明敏：从学校里出来，要工作，我比较喜欢画画，正好乱针绣也需要有绘画功底。刚开始我不知道乱针绣是我国的非物质文化遗产，只当作一份工作、一个爱好，一做就做了四十多年。

二、您现在有多少徒弟？大概有多少人来学过？

周明敏：我们现在的徒弟是滚动型的，因为现在做这行还是要和经济基础息息相关的。前前后后大约有200个学生了，有的有一些绘画功底，有的很喜欢乱针绣，会主动找到我来学习乱针绣。

三、您现在有固定的徒弟或者助手吗？您的选拔标准是什么？她们的作品能达到您的标准吗？

周明敏：固定的徒弟现在也有好几个，有常州市工艺美术大师，也有高级工艺美术师、工艺美术师、江苏省乡土人才的"三带"新秀等。我还是比较严格的，你看我们这边的作品，必须要有绘画功底才能做出这么精致的工艺，所以要有绘画功底的我才会选进来。有好多学生现在在常州也是走在前列的，她们现在已经是大师了。

四、我们了解到常州也有其他的传承人，您的作品相比其他人有哪些特点呢？

周明敏：在常州，乱针绣既有国家级传承人也有省级传承人，都有各自的工作室，每个传承人风格各异，基本是接近自己跟随的老师的风格，在针法、色彩、题材上有所不同。但是要说差异其实也不是很大，因为常州乱针绣都是归属于同宗——杨守玉。根据每个传承人灵活多变的想法和创造力，同样一幅画，针脚、色彩等的变换，也会创造出风格各异的乱针绣。乱针绣本身就是不同针法、不同色彩，纵横交叉、灵活多变，一个"乱"字表明乱针绣就是很活泼的。有的传承人会创作一些衍生品，现在乱针绣都是框在一个框里像画一样的，价格也是一般老百姓承受不了的，出售起来有一定的局限性，但是一些衍生品老百姓比较容易接受。

五、您在创作时有没有哪些形象的偏好？

周明敏：无论是风景、人物、动物，还是国画、油画、照片都可以用乱针绣做出来，但是乱针绣的针法表现动物更加活灵活现，像动物的皮毛，用乱针绣的针法做出来，更加栩栩如生，对于绣娘考验更大，需要有几年甚至十几年的功底。

六、您认为苏州的苏绣和乱针绣有哪些区别？

周明敏：苏州的苏绣和乱针绣都属于苏绣，但各有独到之处，区别在于前者的绣法是排比呈现，把线条排列得很整齐；后者是用不同针法、不同交叉、长短不一、灵活多变的线条，各有长处。现在我们也在互相学习，大家共同提高。

七、您现在的作品有没有哪些适应时代的创新？

周明敏：我们当然有创新，不然在这个现代化的节奏里难以生存，我们现在也研发了一些衍生品，比如团扇、手绢、丝巾等。

八、您在传承过程中有没有遇到什么困难？需要哪方面的帮助？

周明敏：当然有困难，我们也在不断克服。我们这类艺术品不能吃也不能穿，而且价格较高，其实就等同于奢侈品。我们也需要政府对我们进行资金支持，在这个经济现状下大家都不容易，我们也在不断寻找解决方法。

九、您有没有参加过乱针绣的宣传活动？大家对常州乱针绣的评价如何？

周明敏：当然，我们每年都要参加博览会、绣娘评奖等活动，而且很多学校也来找我们合作开设课程，一个星期进行两三次授课培训，传播乱针绣文化。我也经常参加国外的一些宣传活动，积极地外出宣传乱针绣。大家见了我们的作品都是赞不绝口的，"怎么能这么像？""怎么绣出来的？"，大家见到都是很惊讶的。作品确实是我们绣娘一点点绣出来的，很费工夫，都需要很多年的磨炼，很不容易。

十、您在国外宣传期间有没有了解过外国的绣品？有什么区别吗？

周明敏：区别肯定是有的，主要体现在材料上。对于苏绣和乱针绣，我们用的线都是丝线，但是我见到国外的在帽子上、包包上的绣样，很多是用粗线来绣的。

十一、您对于乱针绣传承过程中年轻人的加入有哪些展望？

周明敏：我是非常希望、支持年轻人加入乱针绣非遗项目的传承队伍中来的，但问题是我们现在资金不足，如果能够给予我们更多资金上的帮助，年轻人能有一些收入，我觉得他们更愿意来学习。我也希望常州乱针绣能够被更多人了解，能够走向世界，为了让更多人知道江苏常州还有这么一个国家级非物质文化遗产项目，我们也在不停地前进、努力。

十二、您目前工作室的营收主要来源于哪些方面呢？

周明敏：目前我们的营收还是靠出售工作室的刺绣作品，我们没有副业。我了解到很多其他非遗项目都是靠副业来营利，再靠营收来养活非遗项目，也是希望能把非遗项目延续下去。我们工作室人手不多，长期在绣的绣娘只有五六个，时间精力也不够支撑我们来搞副业，所以还是靠出售乱针绣作品来养活我们自己。一幅不太大的作品差不多要耗费一年的时间才能完成。

第八节 传承现状与对策

一、传承现状

（一）传承模式带来的限制

目前，常州及周边地区开办有十余个大师级乱针绣工作室，多由国家级或省级工艺美术大师创办，如孙燕云乱针绣工作室、单银娣乱针绣工作室等，其传承模式主要有直系家族式传承（如母传女）、师徒式传承等，这些模式也会为乱针绣的传承带来一定的限制。

一是技法的限制。从事刺绣工作的老绣师们缺乏绘画功底，只能凭借从业经验对学生进行指导，难以在技法方面有进一步的突破。

二是经济的限制。传统培养模式学习技艺时间长，从业经济回报慢。学徒进入行业发展，学会制作一幅作品的时间较长，少则一个月，多则一年，而独立从事乱针绣工作则至少需要三年。另外，学徒在培训期间工资较低，因此，学徒流失率较高。

（二）传统模式难以为继

传统刺绣能够得到充分的发展，必须基于一定的生活需求，了解现实生活背景。现代工业化生活和生产方式在一定程度上冲击着传统手工艺环境，破坏了刺绣市场环境，间接地导致了刺绣相关产业的衰落。随着时代的发展，民间艺术品要想不被淹没在时间长河中，最重要的就是要和日常生活接轨，但常州乱针绣很大程度上仍然是"裱在框里的艺术品"，售价相对较高，还没有真正融入寻常百姓的生活，这也是乱针绣艺术品销量不高的原因之一。

二、传承对策

（一）革新绣娘培训机制

联合各地美术学院开展合作，在校园内开设乱针绣培训课程，定期考核。通过点对点形式招收具有绘画功底的学生，以专业学院的形式培训传统手工艺传承人，系统规范地开展绘画课和绣工课教学，同时聘请非遗传承人为专业教师，让学生在提升美术素养的基础上，能够学习到最专业的乱针绣技艺。这种培养方式不仅能提高学习效率，而且能缩短从业前的培养时间，增加学徒的收入，从而降低学徒流失率，增加从业人数。

（二）结合时代特点不断创新

"民间艺术要结合时代的特点不断创新，要受到更多人喜爱才能传承"，需要重视产品艺术设计，可以与设计师、画家等相关领域艺术从业人员合作，开发原创性刺绣作品，做出符合现代大众审美的衍生产品。同时，注重差异化发展，寻找多样题材，塑造文创品牌，注册版权和专利，从而进一步保护乱针绣技艺，让乱针绣作品活在当下，活在民间，让这门非遗技艺活态传承。

当下，乱针绣行业可以尝试利用现代设计艺术进行创新，通过市场调研了解目前产品的受众，思路上贴合时代的步伐，考察用户日常用品的构成，融入大众生活，重塑常州乱针绣的使用价值，建立起艺术性与实用性兼备的现代文创产品体系，为常州乱针绣的传承和发展点燃助力火焰。

第六章

如皋丝毯织造技艺

如皋丝毯是江苏如皋的传统工艺。如皋丝毯在设计上兼收并蓄、造型独特、色彩丰富，既继承了我国传统工艺特色，又融进了世界现代艺术风格。生产工艺上，在挖掘传统的"手工栽绒"和"倒钩"工艺的基础上，又融编、织、拉、盘、簇、片等工艺于一体，大大增强了丝毯粗犷、浑厚、古朴的韵味。该工艺始于西汉，盛于唐代，由于蚕丝原料的珍贵，如皋丝毯在历朝历代均为宫廷贡品。1973年，如皋在南方率先挖掘恢复这一优秀的传统工艺，并迅速打开国际市场，使其成为轻工系统的出口创汇大户。1981年，如皋和原中央工艺美术学院（现清华大学美术学院）合作，研制创新了丝织艺术挂毯品种，提升了丝毯艺术价值，并成为国家礼品和重要场所张挂的艺术品。2011年，如皋丝毯织造技艺被列为江苏省非物质文化遗产代表性项目名录。2021年5月，地毯织造技艺（如皋丝毯织造技艺）经中华人民共和国国务院批准列入第五批国家级非物质文化遗产代表性项目名录（表6-1、图6-1）。

表6-1 项目简介

名录名称	地毯织造技艺（如皋丝毯织造技艺）
名录类别	传统技艺
名录级别	国家级
申报单位或地区	江苏省南通市如皋市
代表性传承人	李玉坤

图 6-1 如皋丝毯织造技艺国家级非遗代表性项目证书

第一节 起源与发展

一、如皋丝毯织造技艺的起源

丝毯织造采用传统手工栽绒工艺，即手工打结工艺。该工艺始于西汉，距今已有2000多年历史；由于古代蚕丝珍贵稀缺，故丝毯一直作为宫廷贡品供王公贵族使用。唐代时期，诗人白居易对丝毯工艺曾有深入研究，并撰写了《红线毯》对其做出了具体的描写："红线毯，择茧缫丝清水煮，拣丝练线红蓝染。染为红线红于蓝，织作披香殿上毯。披香殿广十丈余，红线织成可殿铺。彩丝茸茸香拂拂，线软花虚不胜物。美人踏上歌舞来，罗袜绣鞋随步没。太原毯涩毳缕硬，蜀都褥薄锦花冷；不如此毯温且柔，年年十月来宣州。宣城太守加样织，自谓为臣能竭力。百夫同担进宫中，线厚丝多卷不得。宣城太守知不知？一丈毯，千两丝。地不知寒人要暖，少夺人衣作地衣。"诗人在《红线毯》开头，简略介绍了丝毯的前道工序，先选择好的蚕茧缫成丝用清水煮出来，然后把丝拣一拣，拧成丝线，用红色、蓝色等染料进行染色。其中，红色的线和蓝色的线有一种明显的对比。诗句中提到的披香殿是汉代的，最后织成的地毯可以铺满整个大殿。诗句也指出丝毯的主要原料为蚕丝，接着描述了丝毯的使用功能和品质，比太原的毛毯和蜀都的锦毯还要好，因此成了披香殿的陈设品。其中，"一丈毯，千两丝"对丝毯原料的单位消耗量作了介绍。白居易的诗中提到了当时织造丝毯贡品的宣州、宣城，据考证在唐代尚属江苏管辖。由此可见，江苏的丝毯历史可以追溯到唐代无疑。明清时期，皇宫设有造办处织造工艺丝毯，如皋艺人多到皇宫织毯。随着清廷的消亡，丝毯工艺曾一度失传。

二、如皋丝毯织造技艺的发展

1. 如皋丝毯发展情况

1973年，李玉坤开始织造如皋丝毯，在全国率先恢复这一传统技艺，并一直处于领先地位。如皋丝毯是传统的工艺美术，纯手工制作，但是过去原材料——蚕丝很稀少。设计人员创作了大量具有民族风格的地毯图案，主要有京式、美术式、彩花式、素凸式、古纹式、园林式等，织成的丝毯销往五十多个国家和地区，深受欢迎，换取了外汇，如皋工艺丝毯总厂也成为利税大户。1981年，原如皋工艺丝毯总厂和原中央工艺美术学院合作，开始制作以著名画家作品为蓝本的丝织挂毯艺术品，形成了地方独特风格。如皋丝毯主要分布在如皋市如城镇（今如城街道），曾一度扩展至如皋市建设、大明、磨头、场南、高井、江安、丁堰、林梓、袁桥、戴庄等乡镇，均为原如皋工艺丝毯总厂和如城镇丝毯二厂加工，一度形成万人织毯的局面。

2. 如皋丝毯传承人情况

李玉坤，1973年进入如皋工艺丝毯总厂，任如皋丝毯总厂总工艺师，研究员级高级工艺美术师。2013年，李玉坤被评为省级非遗项目如皋丝毯的传承人。1981年2月至1983年，结业于中央工艺美术学院装艺系装饰绘画研究进修班。曾任如皋县（现如皋市）卫生防疫站化验员、如皋造纸厂事务长、如皋丝毯厂设计主任。1988年6月至8月，赴美国加州大学中国企业家管理培训班学习企业与外贸管理。通过多年的努力，促进了中国丝毯的迅速发展，并占领了国际市场，创造了可观的经济和社会效益，被誉为"南派丝毯"代表、中国现代艺术丝毯的开拓者。主持研制的现代艺术挂毯在海内外享有盛誉，国外博物馆、中国驻外机构及美国哈佛大学多有收藏。其中《和平的春天》《桂林山水》作为国家礼品赠予联合国。李玉坤发表论文多篇，主要有《织毯行业的技术美学初探》《发展现代艺术壁挂之我见》等。被聘为《中国现代美术全集（织绣印染篇）》编委和《中国工艺美术全集（江苏卷·工艺织毯·印染篇）》执行主编。1988年4月，荣获全国工艺美术优秀技艺人员称号。1990年9月，获中国工艺美术百花奖优秀新产品创作一等奖。1991年，获江苏省"中青年有突出贡献专家"称号和江苏省劳动模范奖。1992年5月1日，被评为全国优秀经营管理者，并获五一劳动奖章。1992年起，享受国务院政府特殊津贴。1996年，被评为"江苏省工艺美术师"。1997年，被授予"中国工艺美术大师"称号。

　　李乐，如皋市大师工作室"李玉坤制作小组"成员，工艺美术师（中级），2018年被评为如皋市非物质文化遗产如皋丝毯织造技艺传承人。2020年被评为南通市市级非物质文化遗产传承人。2009年毕业于复旦大学上海视觉艺术学院，2010年进入如皋市博艺丝毯有限公司工作，作品《情侣桥》获得2016年江苏省工艺美术精品博览会银奖。多次参与大型的、有影响力的丝毯挂毯制作，其中有南京牛首山的《南朝四百八十寺》、上海地铁总站的《外滩夜景》、我国驻哈萨克斯坦使馆的《天山秋韵》等。2017年被评为江苏省乡土人才"三带"新秀。2022年获得"南通市优秀青年文艺家"荣誉称号。传承人所获部分荣誉及证书见表6-2。

表6-2　传承人所获部分荣誉及证书

获奖时间	奖项名称	颁奖单位	证书展示
1990年7月	中国工艺美术品百花奖评审委员会委员	中华人民共和国轻工业部	
1991年12月	江苏省劳动模范	江苏省人民政府	
1992年4月	全国优秀经营管理者称号和五一劳动奖章	中华全国总工会	
1992年10月	国务院政府特殊津贴	中华人民共和国国务院	

获奖时间	奖项名称	颁奖单位	证书展示
1996 年	中国工艺美术大师	中国轻工总会	
2005 年 11 月	研究员级高级工艺美术师	江苏省人事厅	
2013 年 12 月	第十一届中国民间文艺山花奖·民间工艺美术作品奖	中国文学艺术界联合会、中国民间文艺家协会	
2019 年	《古韵兰香》被北京大兴国际机场收藏	北京大兴国际机场	
2022 年 2 月	《天山秋韵》被中华人民共和国外交部收藏	中华人民共和国外交部	

3. 李玉坤授徒传艺情况

如皋丝毯传承主要采取授课和实践相结合的方式。对创作设计人员第一年授课为每周两次，每次 2～3 小时，重点讲授图案设计、色彩知识及工艺图制作方法；从第二年开始以实践辅导为主，并根据实际情况授课，共培养设计绘图的传承群体约 60 人；对织毯技术辅导人员以讲座形式为主进行培训，讲授图案基本纹样，以及工艺图和织毯的关系，第一年授课为每月两次，每次 1～2 小时，此后以实践中辅导为主，培养的技术辅导人员为 90 余人，这些辅导人员再辅导织毯制作工匠，以致鼎盛时该传承群体达到 3000 多人。

近期所带的创作设计徒弟如下：

李乐，男，1985 年生，江苏如皋人，工艺美术师，2009 年毕业于复旦大学上海视觉艺术学院，现任如皋市博艺丝毯有限公司设计师，并任《中国工艺美术全集·江苏卷·工艺织毯·印染篇》编委，现为南通市市级非物质文化遗产传承人。

李国平，男，1957年生，江苏如皋人，1975年师承李玉坤从事该项目创作设计，形成个人风格，深受国外用户喜爱，订货选中率和订单量均名列前茅。

袁建梅，女，1969年生，江苏如皋人，较全面掌握该项目的核心技艺，不仅能设计绘制工艺图，熟练掌握织毯技艺，还对配色有独到见解，对传承和保护该项目做出较大努力。

4. 如皋丝毯艺术博物馆

2002年10月，李玉坤创办了全国唯一的如皋丝毯艺术博物馆，被列为南通市旅游达标单位和南通市爱国主义教育基地。如皋丝毯艺术博物馆是在江泽民同志为江苏工艺题词："弘扬民族文化、发展传统工艺"的精神鼓舞下，在如皋丝毯多年积累的辉煌成就基础上建起的文化艺术殿堂。该馆旨在弘扬民族文化，保护和发展具有2000多年历史的传统手工丝毯工艺，为如皋经济建设的振兴做出不懈努力，同时给子子孙孙留下永不枯竭的宝贵财富。该馆现已免费开放，2021年参观者达58000人之多。

该馆翔实地向观众介绍了丝毯的悠久历史和沿革、文化艺术特征、中外合作和交流以及传承方式和现状等；陈列了中国丝毯在濒临失传的情况下，恢复发展并再创辉煌的史实。其中，突出了被学术界誉为"南方丝毯"代表的如皋丝毯发展进程，尤其是如皋和原中央工艺美术学院合作创新的现代艺术挂毯：有联合国、中南海国宾楼、中华人民共和国外交部、哈佛大学、北京大学、清华大学等重要政治、文化活动场所张挂的大幅丝毯（含缩小样），有邓小平、克林顿、董建华、哈默等名人珍藏的如皋丝毯，还有美国纽约现代艺术博物馆、美国国家工艺品博物馆、中国工艺美术馆等珍藏、陈列的如皋丝毯……其内容之丰富、文化艺术氛围之浓厚令人叹为观止，充分证实了如皋丝毯是古丝绸之路的现代延伸。

经过二十多年开展青少年教育、工艺美术和传统文化的宣传等活动，参观者都接受到非物质文化遗产的体验和爱国主义的教育，受益匪浅。该馆每年还策划和开展一些专题公益活动，例如：

（1）介绍和展示非物质文化遗产知识和实物的专题展览；

（2）以实物和图片展示各个时期用如皋丝毯织造技艺为国家制作的重要礼品及重要人物收藏的如皋丝毯精品专题展览；

（3）以实物和图片展示历年来为国内外重要场所制作的各种艺术品专题展览；

（4）深入学校、机场和有关部门举办讲座和交流活动，开展爱国主义教育。

5. 李玉坤相关成就

李玉坤传承该非遗项目已经超过50年，他在钻研如皋丝毯织造技艺的过程中，对画稿创作设计、绘制工艺图、配色、染色、拼丝、织毯、平毯等工序均已熟练掌握其技艺原理和操作方法，技艺精湛独特，获得全国同行的广泛认可。

李玉坤十分注重丝毯技艺的研究、创新和改进，对该项非遗核心技艺的提高、发展独具匠心，取得了可喜的成绩。在丝毯画稿的设计创新方面，他身先士卒，带领设计人员创作出上千幅图案，以这些图案制作的数万幅丝毯曾经销往五十多个国家和地区，换取了大量外汇。他和原中央工艺美术学院合作开发的艺术挂毯，使古老的传统技艺和现代艺术相结合，被国际著名艺术家安东尼·尼可利称赞"用中国传统工艺生产现代艺术挂毯，这是世界首创"。原中央工艺美术学院送来锦旗，夸如皋丝毯为"中国现代艺术丝毯开拓者"。挂毯制作所需的工艺图是李玉坤发明的"数字化工艺图"，用该图制作的挂毯惟妙惟肖，具有独特的艺术效果。他以师带徒的方式，将这一核心技艺毫无保留地传授给团队中的设计和织毯人员，让他们织毯时按照工艺图的数字和特别标记手工打结，达到点、线、面、韵色、分色、套色、跳色灵活自如，造型准确，能完成各种流派的艺术作品。这种工艺图获得了国家发明专利。

从20世纪80年代开始，李玉坤成为全国同行业的领军人物，被聘为各类专业评委，曾经担任中国工艺美术学会副理事长，中国工艺美术协会大师联谊会副会长，江苏省工艺美术协会、学会副理事长等职务。多次获得中国工艺美术百花奖优秀创作设计奖，1979年获得轻工业部颁发的"优秀工艺美术专业技术人员奖"，1991年被江苏省人民政府授予"中青年有突出贡献专家"称号，同年被评为江苏省劳动模范，1996年获得中国工艺美术大师称号，2005年被评为研究员级高级工艺美术师。

6. 如皋丝毯重要织造成果

李玉坤多年来特别注重该项目的保护、传承和发展，对于国家、省、市、县的文化和旅游部门以及协会开展的非遗展览、展示、研讨、评比和交流活动均积极参与。由于长期注意收集和整理，李玉坤持有数量特别庞大、品种丰富齐全的相关实物和资料。如皋丝毯重要织造成果见表6-3。

表6-3　如皋丝毯重要织造成果

时间	名称	规格（平方厘米）	丝毯面积（平方英尺）	说明	画稿作者
1985年	美罗85系列-6	183×183	36	美国国家工艺品博物馆收藏	罗斯高
1985年	美罗85系列-8	183×183	36	美国纽约现代艺术博物馆收藏	罗斯高
1986年	和平的春天	400×183	78.6	中国政府捐赠联合国儿童基金会挂毯	常沙娜
1987年	力	600×155	100	袁运生等华裔画家赠美国哈佛大学挂毯	袁运生
1987年	东方文明	253×305	83	首都宾馆总统套房用挂毯	袁运甫
1987年	舟之歌	183×244	48	首都宾馆首脑会议室陈设挂毯	袁运甫
1989年	桂林山水	400×183	78.6	中国政府捐赠联合国挂毯	中央工艺美院
1989年	万里长城·长城彩虹	400×130	56	新加坡贸易大厦门厅挂毯	袁运甫
1989年	宇宙光华	550×250	148	北京发展大厦贵宾室	袁运甫

时间	名称	规格 （平方厘米）	丝毯面积 （平方英尺）	说明	画稿作者
1991年	胡姬花	518×138	76.5	新加坡国贸大厦	袁运甫
1991年	远古的回音	360×180	70	在德国、法国、比利时、新加坡等国家和地区展出，被李嘉诚等多位名人收藏	邓林
1991年	雪山	990×220	234	外交部赠尼泊尔王宫挂毯	张延刚
1991年	过去—现在—未来	244×198	52	原中央工艺美术学院校庆用	袁运甫
1992年	瀚海明珠	500×180	97	外交部定制的礼品毯	袁运甫
1992年	和风四季	500×210	113	外交部定制的礼品毯	袁运甫
1993年	玉兰树	1145×300	370	北京香山饭店会议室挂毯	祝大年
1994年	邓小平生活照	183×138	27	邓小平家人定制	邓林
1995年	仙境	500×245	132	美国寿冶法师赠如皋定慧寺玉佛之背景挂毯	李玉坤
1995年	幸福鸟	150×150	24	美国前总统克林顿收藏	丁绍光
1995年	母爱	565×350	213	联合国赠中国第四届世界妇女	丁绍光
1995年	文明之光	900×380	368	北京广播电视台挂毯	袁运甫
1995年	祥和之歌	900×380	368	北京广播电视台挂毯	袁运甫
1996年	国色天香	800×155	133.5	国务院定制中南海紫光阁挂毯	田青
1996年	女娲	305×153	50	中国艺术挂毯赴港展览重点作品	张仃
1996年	繁花似锦	270×165	50	中南海紫光阁宴会厅挂毯	田青
1997年	丝绸之路（任重道远）	274×183	54	香港前特首董建华先生收藏	顾重光
1997年	紫金山天文台	756×336	273	上海江苏宾馆大厅挂毯	邬烈炎
1997年	黄鹤楼	1200×420	452	湖北省博物馆门厅挂毯	湖北美院
1998年	海天畅想	720×240	186	外交部定制的礼品毯	袁运甫
1999年	自画像	168×201	36	美国纽约现代艺术博物馆藏	查克
1999年	无题	244×153	40	北京大学珍藏	赵无极
2000年	千里江山图	2340×100	252	中国儿童少年基金会收藏	王希孟（北宋）
2001年	天山	1250×675	908	人民大会堂新疆厅挂毯	新疆画院
2002年	版纳风光	330×215	76	上海华侨大厦门厅挂毯	丁绍光
2004年	苗族史诗	600×190	122	贵州省政府贵宾室挂毯	刘雍
2004年	四月八节的传说	300×95	31	贵州省政府贵宾室挂毯	刘雍
2004年	楚韵	680×375	275	人民大会堂湖北厅挂毯	湖北美院

时间	名称	规格 （平方厘米）	丝毯面积 （平方英尺）	说明	画稿作者
2004年	大团结	788×280	238	中央民族大学博物馆收藏	刘秉江
2004年	黄鹤楼B	580×220	137	武汉市中级人民法院贵宾厅挂毯	湖北美院
2005年	新千里江山图	300×140	45	国家体委贵宾厅挂毯	鄂和曦
2005年	岩画	250×120	32	国家体委会议室挂毯	鄂和曦
2005年	流-2	550×120	384	江苏省工艺美术馆收藏	赵渐明
2006年	红日	788×220	187	南通市体育馆收藏	吴晨
2006年	北京千年风景图	280×180	54	北京申奥形象作品	比利奇
2006年	濠河	788×300	255	南通市体育馆挂毯	黄培中
2007年	科学的春天	600×360	233	北京少儿图书馆收藏	高存今
2009年	故园	238×300	77	苏州博物馆收藏	王怀庆
2010年	创世纪	794×230	197	贵州省博物馆收藏	刘雍
2011年	古水绘园	408×1074	472	如皋博物馆门厅挂毯	李玉坤 刘聪泉
2011年	飞天	360×260	101	新疆乌鲁木齐博物馆收藏	新疆画院
2011年	山高水长	360×595	231	北京中苑饭店门厅挂毯	彭云
2012年	古车	470×200	101	湖北美术学院收藏	周向林
2012年	云山	660×220	156	上海复旦大学收藏	包春雷
2012年	秋色	670×375	270	南京金陵饭店贵宾室挂毯	魏紫熙 秦剑铭
2012年	金贵妃	280×200	60	中国工艺美术总公司艺术馆收藏	刘令华
2012年	向日葵	130×160	22	中国工艺美术总公司艺术馆收藏	刘令华
2013年	江山如此多娇	500×320	172	北京白孔雀艺术世界收藏	傅抱石 关山月
2013年	影-2	200×300	65	国内外画廊挂毯	王怀庆
2013年	夜宴图-4	42×200	32	国内外画廊挂毯	王怀庆
2013年	一家之主-2	160×200	34	国内外画廊挂毯	王怀庆
2014年	影-1	200×300	65	国内外画廊挂毯	王怀庆
2014年	夜宴图-1	200×300	65	国内外画廊挂毯	王怀庆
2014年	镜子中的椅子	200×179	39	国内外画廊挂毯	王怀庆
2014年	白墙	138×200	30	国内外画廊挂毯	王怀庆
2014年	大明风度	179×200	39	国内外画廊挂毯	王怀庆
2014年	公园-17	420×260	118	798艺术区挂毯	卜桦

115

时间	名称	规格 （平方厘米）	丝毯面积 （平方英尺）	说明	画稿作者
2014 年	荷花 -1	120×120	16	清华大学美术学院收藏	袁运甫
2014 年	荷花 -2	120×120	16	清华大学美术学院收藏	袁运甫
2014 年	孔雀两幅	249×356	190	法国巴黎半岛教堂挂毯	香港设计
2015 年	南朝四百八十寺	2880×345	1070	南京牛首山风景区挂毯	黄培中
2015 年	美丽人间	150×150（圆）	24	798 艺术区挂毯	卜桦
2015 年	精进神勇	300×200	65	798 艺术区挂毯	卜桦
2020 年	古韵兰香	343×245.5	91	北京大兴国际机场挂毯	袁运甫
2020 年	天山秋韵	413×475	212	中国政府驻哈萨克斯坦共和国大使馆挂毯	李乐
2021 年	汽车	220×200	47	参加意大利作品展	周向林
2021 年	拖拉机 -1	200×200	43	798 艺术区挂毯	周向林
2021 年	拖拉机 -2	200×200	43	798 艺术区挂毯	周向林
2021 年	百花争艳	2010×154	35	全国美展壁画展作品	唐小禾　程犁

第二节　风俗趣事

一、数字化工艺图

李玉坤从小学习美术，画过国画、油画，当时如皋文化馆主要的美术工作者叫张宝蔚，是李玉坤的启蒙老师。当时厂里对李玉坤抱有很大的期待，要他熟悉织毯的所有流程。尽管有良好的美术基础，可他面临的却是没有样稿参考，没有实物借鉴的困难局面，一切从零开始。他从羊毛织毯、刺绣、云锦、缂丝等传统手工技艺中得到启发，学习精髓，学习与丝毯相似的工艺原理，创新了如皋丝毯的设计。此外，李玉坤和他的团队创作出一大批独具民族特色的丝毯图案，把传统的中国文化充分体现在丝毯上，受到大众的喜爱，将丝毯推广到五十多个国家和地区，带动了国内其他地区丝毯产业的发展。全国丝毯厂像雨后春笋一般成长起来，发展到四百多家，中国丝毯在国际市场上站稳脚跟。

随着大量产品出口，很快就面临产品同质化严重、价格低廉的问题。随着艺术挂毯订单的增加，李玉坤发现原来的工艺图制作方法越来越赶不上生产的需求，做一块毯子要画一幅同样大小的油画或水粉画，让工人根据画织毯，人工成本较高。李玉坤开始做数字化工艺图，用数字表示画的每一种色彩，用加减、实线、虚点等各种符号标注毯子造型和工艺特色，解决批量生产丝毯的问题，这既增加了效率，又丰富了艺术表现。难度大的丝毯，对工艺图要求特别高。数字化工艺图为如皋丝毯注入了新的设计语言，节省了人工成本，让如皋丝毯的发展走上了快车道。李玉坤取名数字化工艺图的时候电脑还没有普及，与如今的数字化意思大不相同，这个工艺图还是靠人工绘制的。人工标注颜色，用数字来表示，靠设计人员的头脑把程序都画在图纸上，让工人一目了然。设计人员要熟悉丝毯的工艺流程，工人和设计人员必须形成共同的语言。

二、大师袁运甫

1981年，李玉坤前往当时的中央工艺美术学院装饰艺术系进修。在这里，他受到了恩师袁运甫的精心指导和全力支持，不仅在开学第一天就受邀去时任系主任的袁运甫大师家中做客，二人更是就丝毯艺术的未来进行了深入探讨。经过为期两年的刻苦攻读，李玉坤的绘画水平和设计能力得到迅速提高。他系统学习了中国传统的艺术方法和西方现代派绘画艺术的表现技巧，得到著名画家张仃、袁运甫、吴冠中、范曾等人的亲自指导。有幸跟随张仃院长多次赴承德、怀柔、兴隆等山区写生，学会了用焦墨把中国传统笔墨技法和西方现代派特点结合起来的巧妙表现方法；跟着袁运甫，掌握了装饰壁挂设计的无限奥秘；师从范曾、吴冠中，领悟了白描手法的简朴和高深，以及与国画、油画结合起来的独特表现力。

在班上，李玉坤是出类拔萃的学生，师生们认为，如果他一直从事国画创作，定会取得了不起的成就。可是，李玉坤却心系丝毯。当他的老师袁运甫先生看到如皋丝毯的制作以后，立刻对该工艺给予高度评价。袁运甫先生提出"在图案方面引进现代设计思想，使丝毯从工艺品升华至艺术品"的设想。在他的倡导下，李玉坤从如皋运去北京一台织机，并组织多名精干的设计人员及织工，第一块现代艺术丝毯的织作便悄然在中央工艺美术学院的校园内开始了。在设计织造过程中，张仃、袁运甫、祝大年、吴冠中、范曾、常沙娜等专家学者都给予了悉心的指导，并不断提出改进意见。当第一块手工挂毯《智慧之光》完成时，得到艺术界的广泛赞誉。"我的老师袁运甫先生亲自带着它去美国展示，引起美国艺术界、收藏界的关注。许多画廊争相购买和订制。"谈到第一幅丝毯作品在当时的影响，李玉坤记忆犹新。

第三节 制作材料与工具

一、制作材料

如皋丝毯以优质野生柞绢丝或桑绢丝为原料，经染色后成色丝（图6-2～图6-5），以独特的手工打结方法达到画面分色、套色、韵色、跳色等特殊效果，从而使挂毯造型独特，表现力丰富，色彩凝练厚重，能充分表现出各种流派画家作品的艺术特色，受到艺术界的广泛赞赏和重视。

图6-2　柞绢丝

图6-3　桑绢丝

图6-4　厂丝

图6-5　自染色丝

二、制作工具

如皋丝毯在制作过程中主要使用的工具包括纺花车、数字化工艺图、铁耙子、剪刀等。

（1）纺花车。主要由车架、锭子、摇柄等部分组成。使用时，通过摇动摇柄带动锭子旋转，将纤维纺成丝线（图6-6）。

（2）数字化工艺图。染色之前需要绘制工艺图，工艺图是指导工人制作精品的重要工具。数字化工艺图是李玉坤首创的，靠人工标注，用阿拉伯数字来表示颜色。

（3）铁耙子。铁耙子有长柄和一排耙齿，其用途是把丝压实，丝与丝之间不留孔隙，便于长期保存（图6-7）。

图6-6　纺花车

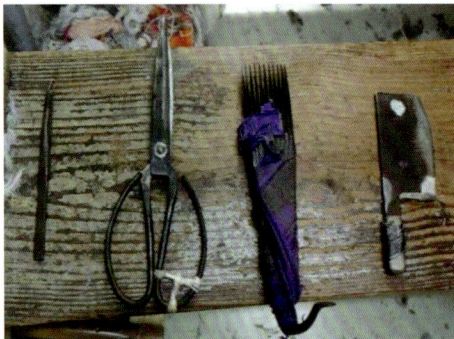
图6-7　常用工具

（4）剪刀。剪刀是一种常见的工具，其作用是剪线头等（图6-7）。

第四节　制作工艺与技法

如皋丝毯的技艺流程主要包括画稿设计、绘制工艺图、丝毯打样配色、拼丝、织毯、整理6道工序。

一、画稿设计

根据需要设计出丝毯的图案。如皋丝毯的图案分为两大类。一类是以传统图案为主，品种分为京式、美术式、彩花式、京彩式、素凸式、古典式、古纹式、园林式、现代式、仿波斯式等；另一类是以创新图案为主，题材、品种与风格包罗万象，从题材上讲，主要有山水、花鸟、人物、动物、风景、现代派绘画等。

二、绘制工艺图

根据设计要求，绘制出工艺图和画稿。设计人员在绘制工艺图时，按照原画稿的色彩选好适当的色丝，将其编号写在工艺图相应的位置上。对于复杂的颜色，在工艺图上以一个数字单列、两个数字相加、三个数字相加分别指定各种色丝的混合程度，形成了如皋丝毯的特色。图6-8所示为数字化工艺图。

三、丝毯打样配色

根据设计要求进行丝毯的打样和配色。打样配色时，需要考虑图案的特点、色彩的搭配效果及丝线的材质等因素。通常会先根据设计图案确定主色调和辅助色调，然后通过反复试验和调整，找到最能展现丝毯美感的色彩组合。还要注意色彩的过渡和协调，使丝毯整体呈现出和谐、精致的视觉效果。

四、拼丝

由于色彩的丰富，在选择丝线时单一的丝线往往不能满足要求，就需要将不同颜色的丝线按照设计要求进行拼接组合，形成丰富的色彩层次和图案效果。拼丝时要确保丝线的排列整齐、紧密，以保证丝毯的质量和美观。

图6-8　数字化工艺图

五、织毯

织毯包括上机、手工打结、挂扣等步骤，完成以后用平针剪，还要剪花。第一步，挂经、梳经，使经线排列整齐；第二步，根据图案挑经，为编织做准备；第三步，用丝线进行编织，通过打结等方式逐步完成图案；第四步，对织好的部分进行修整；第五步，反复进行过纬、编织等操作。在此过程中要注意丝线的张力和松紧度，以保证丝毯的平整和质感。图6-9所示为女工在织毯。

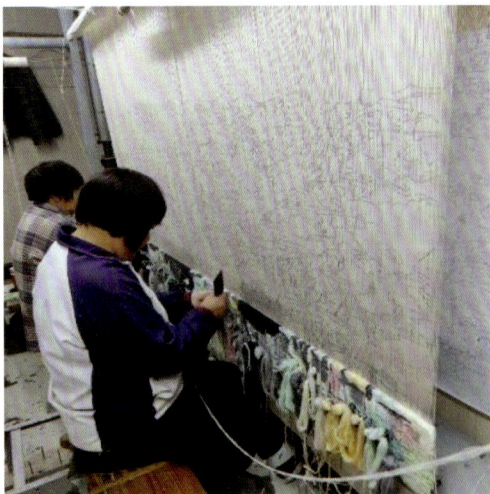

图6-9　女工在织毯

六、整理

对丝毯进行最后的整理工作，包括修剪和调整。在修剪方面，需要仔细检查丝毯表面，剪去多余线头，使丝毯美观。同时，还要根据图案的需要，对一些细节进行微调，使图案更加清晰、生动。对丝毯进行清洗和整理，在调整过程中，要特别注意丝线的张力，确保丝毯整体的平整和紧实。

第五节　工艺特征与纹样

如皋丝毯中的艺术挂毯在全国独树一帜，具有自己的特色技艺。艺术挂毯的织造工艺是手工打结，靠一个个结点来组成毯面上的点、线、面。与刺绣、缂丝、云锦等工艺均不同，虽然其表现力颇为丰富，但在技艺方面有较大的难度。

一、斜线和韵色的运用

依靠点来组成点、线、面，必然带来设计的两个特点。

第一，画稿设计时要尽量少用斜线，工艺设计时要处理好各种斜线。挂毯的手工结是打在经线和纬线的交叉处，这些交叉处的点组成的线条以横线、竖线和45°的斜线比较好织，其他各种线则以弧线、曲线相对容易织，除去45°以外的各种斜线则比较难织。因此，在艺术挂毯设计时首先要尽量避免此类斜线。可以将长斜线改为短斜线，将单色线改为韵色线，或用点、面结合的方法来破掉一些斜线。把画家已定型的一些作品做成挂毯，则可在制作工艺设计图时巧妙地"破线"，即将长斜线破为短斜线，用韵色线代替单色线，用点、面结合的方法破掉其中能破的斜线。

第二，画稿设计时要多用韵色，工艺设计时要巧用韵色。由各种彩色丝线手工打结的结点组成的画面具有很强的表现力。充分利用这一传统技艺的表现力是挂毯画稿设计和工艺设计的精髓。织造挂毯的技艺人员每天都在打结，一般来说，每平方米的挂毯按120道、150道、200道密度计算，分别要打15.5万、24.2万和43万个结。这些结点如用分色方法打（即单色平涂），织造时容易些，但色彩较为简单，有时甚至显得呆板。丝织地毯由于图案分色多，设计时以分色为主，故其相比挂毯容易织造。这些结点如用韵色方法打，色彩就会不断变化，产生各种各样特殊的肌理效果，使挂毯显得丰富、含蓄、变幻莫测。不过，变化越是丰富，织毯时难度就越大。挂毯的画稿设计要充分运用丝毯打结这一特色，做到有分有韵，分韵结合，以韵为主。其实大多数制作挂毯的作品都是遵循这一特点完成的。

二、实线和虚线的使用

古代丝毯的织造，未见有工艺图的记述。从《故宫藏毯图典》等资料中的大量丝毯实物图片可以看出，其图案变化之丰富、纹样之精致、色彩之艳丽，令人叹为观止。这是怎样织出来的呢？据老艺人讲述，过去的织毯工艺，主要是靠"点头"（即"点格"）法来确定图案纹样的位置和色彩。因此给其细微的变化，尤其是韵色带来很大的难度。这也是古代丝毯总是分色织法多，对称、重复的图案纹样多的原因。如皋丝毯从挖掘恢复传统工艺初始，就参照羊毛织毯工艺图的方法，以线定型、型中写色，配合点格法解决了批量生产的问题。20世纪70年代末，介于地毯和挂毯之间的"小花鸟"大量涌现，丝毯的工艺图出现了两大变化：一是韵色方法增加；二是虚线开始出现。至20世纪80年代，挂毯的批量生产，促使如皋丝毯创新了独特的工艺图，实线和虚线的巧妙运用则是其显著特色。

1.画稿上的准确造型以实线为主

无论是山水、花鸟、风景、人物、动物，还是现代派绘画，凡有造型出现的挂毯，都需以实线表现形象。表现形象的实线要画得准确美观，线条流畅。这样的实线在工艺图上即是分色的界线。

在工艺图上，实线只能界定大的形象或在某些能够分开色彩的细部上发挥整型的作用。由于挂毯色彩变化丰富，仅靠分色远不能完美表现，因此，在一幅挂毯的工艺图上，实线的造型只是"骨架"，而无数个模糊的造型则需用其他文字和符号来表示。

2.画稿上模糊的造型以虚线为主

挂毯画稿（即原作）上有很多模糊的造型——即两种色彩之间没有截然分开，存在褪韵或互相交叉的含蓄变化，却又似乎有"型"的存在。在挂毯工艺图上，当以虚线来表现。虚线与实线在工艺图上的不同之处在于：实线是将两种色丝截然分开，而虚线虽然是两种不同色丝的基本界线，但在虚线的两边，必须有两种色丝的混合色丝存在，这样才能体现画稿上褪韵或互相交叉的色彩之间含蓄的变化。虚线的使用方法很有讲究。例如，色相和色度差距大的两种色彩之间就不适宜直接使用虚线，如直接使用，两种色线混合后会出现不调合的混合线（俗称"芝麻点"），将直接影响挂毯效果。在此情况下，设计人员可以找出二者之间的过渡色作为增加的色号使用，在工艺图上可增加一根虚线，以达到进一步融合的效果。

三、工艺图上色彩的表现方法——"数字化"语言

如皋的手工挂毯之所以能批量生产且深得用户喜爱，是与其工艺图上对色彩简洁而规范的表述分不开的。其中经历过两次大的改革，最终形成自己独特的"数字化"语言。1983年，如皋工艺丝毯总厂为美籍台湾画家姚庆章先生制作以都市风光为题材的超写实主义作品挂毯，设计人员在以线条准确描绘造型的基础上，将每块挂毯所用色丝从1开始以阿拉伯数字排列在色丝牌上，有多少种单色丝就排列多少号。例如，该块挂毯用58种单色丝，则由1号编排至58号。排列好以后还需在编号下面注明工厂仓库的色丝号及名称，以利于配备色丝，不至于混淆。

设计人员在绘制工艺图时，按照原画稿的色彩在色丝牌上选好适当的色丝，将其编号写在工艺图相应的位置上。由于挂毯画稿一般较复杂，色彩变化尤为丰富，在工艺图上仅凭单色丝的编号是远远不够表现色彩变化的。故除了以上所述及的运用实线、虚线、不画线韵色等技艺外，数字的巧妙相加成为表现挂毯色彩变化的关键。设计人员在工艺图上以一个数字单列、两个数字相加、三个数字相加分别指定各种色丝的混合程度，即每一个手工结所使用的各种丝线的股数比例。一般不太复杂的挂毯，虽然使用的单色丝只有几十种，但相加以后的混合色丝可达几百种，特别复杂的挂毯甚至达一千种以上。工艺图"数字化"改革使得设计人员和织毯工人之间建立起共同的语言规范，使得生产规范化、数字化、程式化，织出的挂毯色彩准确，造型一致，变化丰富，能够更充分地展现原作的艺术效果。有些作品前后织造过100幅之多，幅幅都很准确、精彩，得到画家和用户的赞赏。如今，这种工艺图逐步完善，成为如皋丝毯的独特技艺。

第六节 作品赏析

无论是过去作为宫廷贡品还是现在作为画家作品，如皋丝毯都已不是普通的工艺品，而是地道的艺术品。由于现在多作为著名画家的作品销售，故挂毯一旦制作完工，即大幅度升值。2001年2月，在北京举行的中国工艺美术珍品专家鉴定会上，中国收藏家协会会长史树青，文物鉴定专家耿宝昌、杨伯达、单国强等十位专家对如皋丝毯给予一致好评，鉴定意见称："如皋丝毯运用自己独特的制作工艺，将其制作成巨幅丝织艺术挂毯，再现其璀璨夺目的艺术光辉，实为可喜可贺。""既是民族传统文化与现代艺术的

完美结合，又是艺术的再创作，代表了丝毯行业目前国内的最高水平，是我国艺术丝织挂毯制作史上一个里程碑式的成就。"充分说明如皋丝毯织造技艺不仅具有较高的艺术价值、鉴赏价值、收藏价值，还是继承和弘扬我国优秀传统文化的一大创举。

艺术挂毯《鹿》（图6-10）是李玉坤的代表作品之一，创作于20世纪80年代中期，是李玉坤发明数字化工艺图的最初尝试。这幅挂毯深受用户喜爱，曾经创中国丝毯外销最高价。三十多年来，这幅作品每年都有销售，需要不断制作，成为经久不衰的珍品。

大型艺术挂毯《和平的春天》（图6-11）是李玉坤最早领衔制作的国家礼品之一，是我国政府赠送给联合国儿童基金会的艺术品，2021年，该挂毯在中国美术馆参加了"大美民间·苏作百年——江苏工艺美术大师精品展"。

图6-10　《鹿》

图6-11　《和平的春天》

图6-12所示这幅《楚韵》宽680cm，高375cm，是湖北省人民政府委托制作，用于人民大会堂湖北厅张挂的大型挂毯。该挂毯画面巧妙地突出了湖北省的七仙女传说、葛洲坝、黄鹤楼、编钟等文化特色，由李玉坤领衔制作。

北京市申办奥运会曾两次制作重要的艺术挂毯，首次织造的是《球星乔丹》，二次织造的是《北京千年风景图》（图6-13）。该挂毯原稿由北京奥申委提供，丝毯宽280cm，高180cm，于2013年获得中国民间文艺"山花奖"。

图6-12　《楚韵》

图6-13　《北京千年风景图》

2020年年初，外交部下达一项国家礼品的任务：为我国驻哈萨克斯坦使馆制作一幅大型挂毯《天山秋韵》（图6-14）。该毯宽413cm，高475cm，选用如皋丝毯织造技艺制作。由李玉坤领衔，4名工匠历时6个半月完成。

图6-15所示丝织艺术挂毯《古韵兰香》系2020年年初由北京大兴国际机场定制的贵宾厅专用艺术品，由原中央工艺美术学院教授袁运甫先生创作画稿，李玉坤领衔织造。在他的领导下，4名织毯工匠历时3个半月完成了这幅宽343cm，高245.5cm的挂毯。

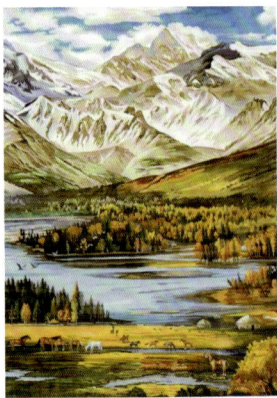

图6-14 《天山秋韵》（局部）

图6-15 《古韵兰香》

第七节 传承人专访

一、您是怎么接触如皋丝毯的？

李玉坤：西汉时期，我国就开始了丝毯的制作，在唐代鼎盛时期，丝毯已经是宫廷里很重要的贡品。宋元明时期慢慢走下坡路，清代失传。如皋丝毯率先在全国恢复这项传统工艺，我们从一开始就是把明朝丝毯做成了，然后慢慢扩大规模并开始出口，曾经全国有400多家丝毯工厂。后来我去中央工艺美术学院学习，跟他们合作，开始做挂毯，袁运甫先生自己画了稿子对设计人员进行辅导。如果当时做地毯，工厂可能早就垮掉了，做成挂毯我们才做到了现在，因为艺术价值比较高。

二、您是怎么从地毯转变到挂毯的制作的？

李玉坤：最初应该是我到中央工艺美术学院学习时。当时中央工艺美术学院开设了一期进修班，系主任是袁运甫先生，他也是南通人，他鼓励我们把中国的艺术挂毯发扬光大，我们有那么好的原材料和手工织造技艺，仅做成地毯太可惜了，当时袁运甫先生就建议做成挂毯，后来在实践中逐渐形成了现在的挂毯工艺。

三、您是怎么从零开始的？

李玉坤：这是一个很复杂的过程，确实开始的时候很难，因为过去留下来的丝毯都在故宫博物院，民间根本找不到。但是我们找到了一些纸媒艺术，那时候这个工艺不像现在这样要搞专利，我们搞的不是羊毛织毯，我们搞的丝毯，织的帆布丝，所以对丝毯毫无认识。为了进一步发展，我们就去学习，学会了以后并不断创作出自己独特的东西，如皋丝毯从开始制作就走在全国前列，慢慢发展起来了。

四、对想要前来学习的人，您有没有选拔标准？

李玉坤：只要愿意来学习，都是可以的，就怕不太愿意学，目前像这种传统的手工艺越来越少。就我们早期来说，我们会对人员进行培训，主要是绘画基础的培训，当时叫七二一工艺大学，实际上是厂里自己办的学习班，就这样培训了一批又一批的工人。重点还是师带徒，从工人中培养一批技术辅导员，技术辅导员再一个个培训年轻的工人，像滚雪球一样滚到万人，可能有七八万，甚至十几万人。如皋丝毯色彩丰富，配色要求比较高，丝毯织造时是手工打机，机是向下倾斜的，剪下来以后正面看就厚重，学问很大，我做了五十多年了，现在还在不断探索。

五、如皋丝毯和别的挂毯有什么区别？

李玉坤：比如说天津羊毛挂毯，做一幅挂毯就要画一幅油画，然后根据这幅画织出一幅挂毯。我们做一幅挂毯用一张图纸，做100幅挂毯也可以用同一张图纸。像国外有的艺术家，他们的代表作非常正规，我们用一张图纸就解决了。最主要的区别是原材料和工艺，我们用的是蚕丝，而且是野生蚕丝，天津用的是高级羊毛，新西兰羊毛比较好。工艺的差距比较大，天津的工艺没有国家发明专利，工艺图只有我们一家有。

六、江苏丝织技艺发达，如皋丝毯有没有独特的丝织技术特色？

李玉坤：我们最大的特色就是手工打结，一个结点一个结点地打出来，一幅作品由点、线、面组成，这个点、线、面在丝毯上面就是无数个结点，靠无数个结点组成整体挂毯，这就是特色。

第八节　传承现状与对策

一、传承现状

（一）缺乏销售市场

丝毯是在特定的历史背景与人文环境下生产、传承、发展起来的，织造的设备、艺术成就都有着非常明显的时代特点。在封建社会，丝毯的消费对象主要为皇室贵族。随着科技的进步，越来越多的化纤材料出现，价格低廉、耐磨实用、精致美观，冲击了丝毯的实用性，这是直接导致丝毯工艺出现传承断代的原因。李玉坤及其团队成员的丝毯成品目前主要依赖其所在博物馆销售，消费对象多是老客户，市场拓展有限。其团队还是以生产、制作工艺为主，缺乏销售力量，如皋丝毯是小众产品，纯手工制作，成本高，整体销售情况不容乐观。

（二）缺少团队分工

缺少认真地、全心全意地搞丝毯的人。经营这方面必须有专业的人才，丝毯行业的发展目前还很艰难，没有一个成熟的团队来计划这个事情。现在去如皋丝毯博物馆交流的学校比较多，但是后续能够合作的很少。

（三）传承情况不容乐观

如皋丝毯正面临失传的风险，最大的困难是年轻人不学，目前正式的传承人只有一个，织毯工较少，已经退休的占一大半。因为传承主要还是靠工人的制作，丝毯要传承下去，再加上如皋丝毯有特殊的工艺图，所以必须要有两个方面相结合的人才，一个是设计人员，另一个是织毯工。有一些简单工序学起来很快，做一些管理和培训就能解决，但是对设计人员的要求相当高，好多设计人员都到清华大学美术学院（原中央工艺美术学院）去进修。该学院的研究生、本科生，还有好多人到如皋来学习丝毯设计制作。但是传承低迷，如皋丝毯博物馆里的织毯工逐渐减少，一旦技艺失传，如果后面的人想重新做到现有的水平，就会非常困难。这些年，丝毯厂的年轻人寥寥无几。一方面年轻人很少能忍受制作时的枯燥、辛苦；另一方面是因为新人成长的周期很长，必须先做五年地毯，才能做挂毯。而做地毯的收入很有限，很多人都不愿意等待。所以，要想把丝毯工艺传承下去，要走的路还很长。

二、传承对策

（一）拓宽销售渠道

首先，可以通过线上销售、线下销售、批发、代理等多种途径进行如皋丝毯推广和销售；其次，与电商平台、其他企业或个人建立合作关系，共同推广丝毯，提升丝毯的知名度和销量；再次，参加非遗行业内的展会是一种有效地展示产品和吸引潜在客户的手段；最后，可以通过查找当地的公共资源采购网、行业市场、同行业务人员等信息，获取潜在客户资源。

（二）打造专业化团队

首先扩大知名度，在丝毯有一定知名度的基础上可以进行内部分工，通过相关非遗展示活动、社交媒体或行业组织等吸引对如皋丝毯感兴趣的人加入传承的队伍，明确团队共同的目标和使命。根据团队的传承发展目标，确定不同成员的角色和职责，团队之间合作形成传承链条。招聘丝毯销售人才，制订明确的工作计划和营销策略，发挥专业人才优势，互相沟通协作。

第七章

四 经绞罗织造技艺

夜市卖菱藕，春船载绮罗。罗是运用罗绸织法，使织物表面具有纱孔眼的花素织物。它具有风格雅致，质地紧密、结实，纱孔通风、透凉，穿着舒适、凉爽等特点，通常用于春夏服装、饰品等。春秋战国时期，吴、越、韩、魏等国服饰都以绫罗为贵。

吴罗，是指以苏州为织造产地的罗，其中的"四经绞罗"，是罗织物中最高技艺的代表，在其织造方式未被破解之前，一直是纺织业界"谜"一般的存在。四经绞罗，是由特殊工艺制成的绞经组织丝织物，这种织物纬线相互平行排列，相邻的经线却相互扭绞并与纬线交织，扭绞的地方经线重叠在一起，不扭绞的地方便形成较大且不规则的孔洞，因此也被称为"大孔罗"或"链式罗"。由于采用绞经组织，经纱相互勾连呈曲线状，织物纹理直中有曲、曲中见直、曲直相宜，经线排列疏密有致，形成均匀且结构稳定的绞孔。这样的肌理，特别适于与其他织物相配。花地同色，花纹若隐若现，形成风格典雅含蓄的花罗。2020年9月，周家明同志被认定为第五批江苏省非物质文化遗产吴罗织造技艺（四经绞罗织造技艺）代表性传承人（表7-1、图7-1）。

表7-1 项目简介

名录名称	吴罗织造技艺（四经绞罗织造技艺）
名录类别	传统技艺
名录级别	省级
申报单位或地区	江苏省苏州市苏州工业园区
代表性传承人	周家明

图7-1 代表性传承人证书

第一节 起源与发展

一、四经绞罗织造技艺的起源

罗，又称绞罗，是一种以两经（地经、绞经）或以上的经线与纬线相互绞缠成绞孔的网状丝织物，与"纱"统称为"纱罗组织"（方孔为纱、绞孔为罗）。罗中经纬相绞，相互着力，使其不易松动移位，为经纬的严丝合缝提供了保障。四经绞罗，是罗中结构较为独特的一种。

《红楼梦》中贾母曾说："怪不得他（王熙凤）认作蝉翼纱，原也有些像，不知道的都认作蝉翼纱，正经名叫'软烟罗'。若是做了帐子，糊了窗屉，远远地看着，就似烟雾一样，所以叫作'软烟罗'。""那个软烟罗只有四样颜色：一样雨过天青，一样秋香色，一样松绿的，一样就是银红的。""那银红的又叫作'霞影纱'。"

《三国志》中曹植也描绘道："罗衣何飘飘，轻裾随风还。"罗始创于商代，在战国、秦汉时期得以广泛应用，战国时代就已经有了四经绞罗组织结构图，故战国被视为四经绞罗的开端。明清时期，罗成为身份地位的象征。绞罗一经出现就成为王公贵胄的新宠，且一直流行至唐宋时期。只可惜到清后期，随着织造局的解体，罗的大批量织造随之停止，加之受到洋布的冲击，要求高、工艺繁复的织罗技艺几近灭绝。

吴罗织造技艺的起源很早，在现今苏州工业园区唯亭草鞋山遗址，发掘到的炭化纺织物残片就是以野生葛为原料的罗织物，距今已有6000多年的历史。商周时期，我国的织罗技术以二经相绞的素罗为主，秦汉以后，出现了一种以二经相绞的链式绞组织，即将绞经轮流用左侧或右侧的地经交替，环环相扣，呈不分割的链状结构，分为二经绞素罗、四经绞素罗，以及用四经绞和二经绞交替起花的花罗，俗称"四经绞罗"。唐宋时期，此类素罗和花罗的名目繁多，用途广泛，生产量较大。据考证，宋元时苏州织罗技艺已闻名天下，那时罗织物盛行，织品精美，通常用于宫廷贵族的服饰和绣制工艺品。

二、四经绞罗织造技艺的发展

四经绞罗在古代非常有名，早期中国对这方面不太重视，没人做，但日本在做。

周家明出身农村，当地居民长期从事丝绸织造。苏州的丝绸行业集中在苏州的东半城，周家明所在的农村在东半城的外面，他的父亲、叔叔都是做丝绸的，而且叔叔是织造罗一类织物的，但是没有真正做四经绞罗，而是做二经绞罗。1982～1990年，周家明在苏州漳绒厂随父亲学习织造丝绸，周家明曾说："自己只要有一口饭吃，就要将织造进行下去。"1992年，为了给和自己一样从事纺织一生的同村老人们保留一个容身之处，周家明召集起老织工们创办了"家明织造坊"，从事缂丝、宋锦、漳缎及四经绞罗的织造。这是苏州目前为数不多且创办最早的手工织造宋锦、四经绞罗等丝绸产品的织造坊，主要为日本客商织造西陈织、四经绞罗和服腰带、围巾、披肩，妆花织锦，二经绞罗袈裟面料等，也为蒙古国和上海老家织造手工漳缎。

2010年起，苏州丝绸博物馆与周家明合作，成功复制出金代折枝梅纹织金绢裙、褐地翻鸿金锦棉袍、棕褐菱纹暗花罗等。2012年起，他用宋锦织造技艺为苏州丝绸博物馆小批量复制生产手工传统宋锦。2014年起，中国丝绸档案馆将小批量手工传统宋锦复制工作交给了他，每次复制耗时短则半年，长则一两年，他都能出色地完成任务，钻研出完整、成熟的织造工艺。2018 年，他成功为南京云锦研究所复制了用于复制马王堆四经绞罗文物的样品。周家明熟练掌握花本制作、调丝、牵经、通经、摇纤、打纹综泛头、打绞（脚）综、经线穿综等四经绞罗的织造工序。他制作的四经绞罗采用无筘织造技术，组织结构稳定，具有轻、薄、透等特点，其独特的绞综织造技艺，是有别于常规丝绸织造技艺的主要特征。表 7-2 列出了传承人所获部分荣誉及证书。

表 7-2　传承人所获部分荣誉及证书

获奖时间	奖项名称	颁奖单位	证书
2015 年 4 月	优秀丝绸创意产品奖	苏州丝绸行业协会	
2016 年 6 月	"一种便于学习的轻便可折叠缂丝织机"实用新型专利证书	中华人民共和国国家知识产权局	
2020 年 10 月	2020 年度苏州万名"最美劳动者"	苏州市"最美劳动者"遴选宣传工作委员会	

第二节　风俗趣事

一、复原四经绞罗

周家明复原四经绞罗织造的机缘始于 1996 年。一个偶然的机会，日本的客商拿着一块丝织物碎片来寻找能复制的厂商，而在此之前，没有人见过这样一种织法奇特的织物，沿着这块织物的某一根经线，能发现它总是与相邻的经线不断地绞织前进。

当时各种资料很少，信息闭塞，没有像现在这样，网络上的资料很多，方便查找。为了探索罗的织造技艺，周家明翻阅了大量历史资料，找来毛线、木框制作了四经绞罗的组织结构模型及模拟织机，试图找寻四经绞罗经线相绞的规律。织罗最关键的一步在于复原四经绞罗织机和装造方式。由于织机结构特殊，为了制作更加契合的零部件，周家明亲自选材、削木和组装织机。通过一年中无数次试验装造和研究，周家明成功装造出四经绞罗织机。周家明找来四种颜色不同的麻绳，搭出一个模拟台，尝试放大这种织物的结构，最后他发现织物的每四根经线循环成组，与左右邻组再相绞，组织结构呈复杂的链状。一年后，当周家明已能完整地织出这块复杂的罗之后，便接到了日本客商大量的订单，用于日本和服的高级订制。

二、复制四经绞杯纹罗

同样是偶然的机会，周家明的一位做纹样设计的朋友看到了这块罗织物，惊喜地发现这就是在中国丝织界失传已久的四经绞罗，而这千年瑰宝却在周家明的小小织造坊里得以重生与再现。此后，周家明又成功复制了马王堆一号汉墓出土的四经绞杯纹罗，经密每厘米 80 根，纬密每厘米 26 根，以及荆州博物馆"藏龙虎绣"衣料的四经绞横罗坯料，经密每厘米 40 根，纬密每厘米 32 根。随着四经绞罗被列入苏州市市级非物质文化遗产名录，周家明也成为这一项目的代表性传承人，并荣获第十届"致敬造物者"非凡时尚人物。

第三节　制作材料与工具

四经绞罗是指采用四根经线经过特殊编织方法而制成的织物。它具有柔软、光滑的质感，常用于制作高档服装和窗帘等。

一、制作材料

四经绞罗的制作材料最主要的就是线（图 7-2）。为了达到轻透的效果，常常需要先把丝线分股（图 7-3），再上机织造。四经绞罗丝线的选择需要考虑以下几个因素。

（1）材质。线的材质可以影响织物的质感和性能。常见的线材包括丝线、棉线、麻线等。不同材质的线具有不同的特点，例如丝线柔软光滑，棉线吸湿透气，麻线坚固耐用等。

（2）线密度。线密度是指丝线的粗细程度，通常用"支数"来表示。较高的支数意味着丝线更细，织出的织物更加柔软、光滑，但更容易断裂。在选择丝线时，需要根据织物的用途和需求来确定合适的线密度。

（3）强度和耐久性。如果织物需要经常洗涤或使用，那么选择强度高、耐久性好的丝线是很重要的。丝线的强度和耐久性可以通过测试和比较不同品牌和类型的丝线来确定。

（4）颜色和光泽。丝线的颜色和光泽可以影响织物的外观和质感。在选择丝线时，需要考虑织物的设计和用途，选择相应颜色和光泽的丝线。

图 7-2　丝线

图 7-3　分股后的丝线

二、制作工具

织制四经绞罗主要使用的工具包括织机（图 7-4）、梭子（图 7-5）等。

（1）织机。一般的织机通常由经轴、综框、筘座、脚踏板等部分组成。周家明根据四经绞罗小样自行研究织机的结构设计和操作方式，设计出能够满足不同经纬密度要求的织机。四经绞罗的织造工作在织机上完成。

图 7-4　四经绞罗织机（局部）

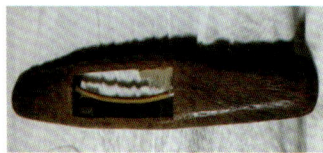

（2）梭子。在织造过程中，梭子主要配合织机使用，将纬线通过梭子从经线的一侧引到另一侧，与经线交织形成织物。根据织物颜色或纹理要求，需要及时更换不同纬线的梭子。

图 7-5　梭子

第四节　制作工艺与技法

四经绞罗制作工艺主要包括选料、制作经线、牵经、制作纬线、摇纤、纹样设计、造机、校机、上机织造 8 个步骤。

一、选料和制作经线

前期准备丝线，确定丝线的规格，根据所织面料的颜色先进行染色，按照不同品种的要求加工成一定规格、颜色的经纬原料。每一根经线都不是直的，而是弯的。

二、牵经

首先，准备好经线，将经线分成地经和绞经两种。其次，将一根地经间隔一根绞经排列。与纬线相织时，一根绞经可以和相邻的两根地经相绞，一根地经也可以与相邻的两根绞经相绞。最后，相邻绞组之间交错勾连，编连成一体。

三、制作纬线

首先将一束纬线控制在前面，使其形成一个开口。然后将纬线从开口处穿入，拉紧。接着另一束纬线靠绞中往下踩，形成一个朝下的开口。通过绞中往下踩的方式，将所有的经线一分为二，形成平稳且上下间距一致的结构。

四、摇纡

通过图7-6所示操作，使丝线在织机上均匀缠绕和排列，以保证织物的质量和纹理效果。

五、纹样设计

根据不同的要求确定工艺。在设计中要考虑纹样的对称性、节奏感和美感，使其与四经绞罗的独特质地相得益彰。

图7-6　摇纡

六、造机

确定经纬密度，设计织机。根据不同织数设计不同的织机。

七、校机

要绘制提花的纹样，先根据经纬密度画好，再转化成纹板，上机试样。将四根经线轮流穿过四个梭子，然后将梭子放在双梭绞车上，一个梭子系在主车上，另一个梭子系在辅车上，两个梭子相互绞合。试样的目的是看织成品是否有缺陷，以及经纬密度有没有达到要求。效果不好则需要重新改。

八、上机织造

具体步骤如下：

（1）牵经线，原位提。"牵经线"是指拉动或引导经线，经线是织机中纵向排列的丝线。"原位提"表示在原来的位置上提起,调整经线的位置或张力,使经线保持整齐有序,方便纬线的穿插,以确保后续的纺织操作顺利进行(图7-7)。

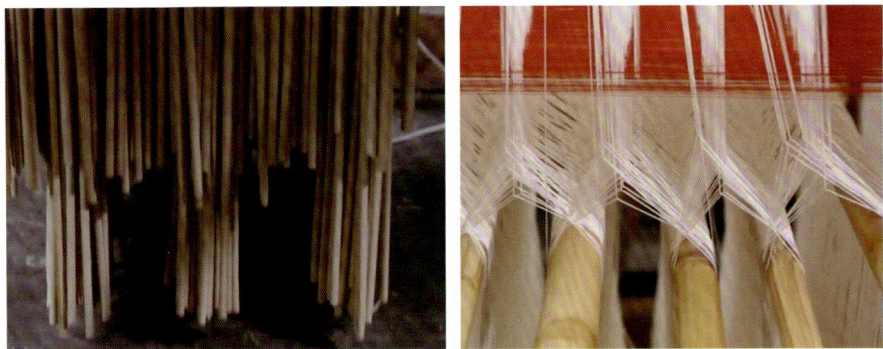

图7-7 牵经线,原位提

(2)投木梭,纬线进。木梭是用来传递纬线的工具,"投木梭"是指将木梭投入织机中,使其在经线之间穿梭。"纬线进"表示将纬线引入织物的过程。将木梭准确地放入经线之间,使纬线能够跟随木梭穿过,通过适当的力量和技巧,推动木梭在经线中移动,将纬线引入织物结构中(图7-8)。

(3)松牵线,经面平。"松牵线"是指将经线放松或调整到适当的松紧程度,检查和修正经线的排列。"经面平"表示经线表面要保持平整,使经线均匀分布,确保没有交叉或缠绕,避免出现皱褶或不平整的情况(图7-9)。

(4)打纬刀,纬线紧。"打纬"是把纬打入上下经交会的地方,这一过程用打纬刀实现。"纬线紧"表示纬线处于紧绷的状态。这个步骤的目的是增加纬线的张力,增强纬线与经线的交织效果,确保织物的结构更加牢固(图7-10)。

图7-8 投木梭,纬线进　　图7-9 松牵线,经面平　　图7-10 打纬刀,纬线紧

(5)踏经线,链罗绞。"踏"指通过脚踏进行操作。通过踏的动作来调整或操作经线,以满足编织的要求,精确控制经线的位置和张力,以实现所需的编织效果,按照特定的编织规律和技巧,进行"链罗绞"的编织(图7-11)。

(6)引木梭,纬再入。使用木梭再次将纬线引入,确保纬线能够持续地参与织物的编织，使纬线在整个织物中均匀分布。通过多次引入纬线，可以创造出不同的花纹和效果（图7-12）。

（7）回绞经，原位归。绞经会回到原来的位置，以保证织物结构的稳定和绞罗效果的呈现（图7-13）。

（8）斫文刀，纬线压。斫文刀将纬线压住，使其与经线交织紧密，形成独特的绞罗纹理（图7-14）。

图 7-11　踏经线，链罗绞

图 7-12　引木梭，纬再入

图 7-13　回绞经，原位归

图 7-14　斫文刀，纬线压

第五节　工艺特征与内容题材

一、工艺特征

区别于一般织物上下垂直交织的织造方式，四经绞罗采用经线轮流和左侧或右侧的经线相绞，并与纬线交织，环环相扣，呈不可分割的链状结构的织造技艺（图7-15）。

四经绞罗织物经线相互勾连，呈曲线状态。织物纹理直中有曲、曲中见直、曲直相宜；经线排列均匀有序，疏密有致。所形成的织物孔路清晰可见，结构十分稳定（图7-16）。以该织物结构为基础，再通过提花与其他组织相配，可演变成多次多经互绞，从而使织物达到显花的目的，如织物表面的各种小绫花纹饰等。这时纬线的

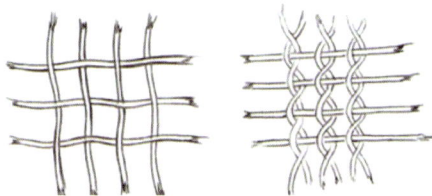

图 7-15　普通织法（左）与绞经编织法（右）

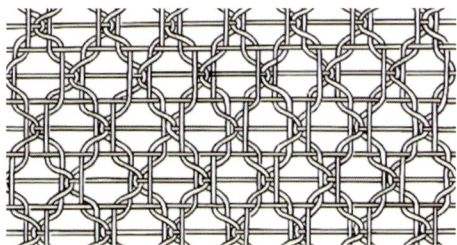

图 7-16　四经绞罗结构图

循环数将进一步增加，织物的组织结构更趋复杂。

在人们常说的四经绞罗中，地经和绞经之比为 1：1，地经和绞经相间排列，一根绞经可以和一边相邻的两根地经扭绞，同时一根地经又可以被另一边相邻的两根绞经扭绞，绞与绞之间交错，称为无固定绞组。在组织结构上，由四根经线作为一个循环，所以称作四经绞罗。

二、内容题材

绞罗织物的组织结构有二经绞、三经绞、四经绞、四经互绞、多经互绞等多种，这些都属素罗之列。在素罗的基础上再附以提花，就形成了各种花罗，如常见的几何纹花罗、如意纹花罗等。在织造技术上，花罗比素罗要复杂得多，如图 7-17、图 7-18 所示。

四经绞罗非常轻透，花纹大多呈菱形，如图 7-19 所示。

图 7-17 明代红素罗刺绣龙火二章蔽膝

图 7-18 明代棕色暗花罗刺绣龙纹方补女夹衣

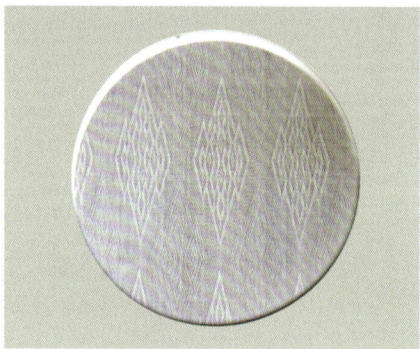
图 7-19 菱形罗

第六节　作品赏析

吴罗织造的历史悠久，甚至可以追溯到新石器时期，在江苏唯亭草鞋山原始社会遗址发掘出土的编结纬起花纹罗，是我国目前发现最早的纹罗织物，距今已有6000多年。其外观与机织纹罗十分相近，经向纤维平行排列，纬向根组成一绞组，地纹以二经一绞，除了粗细经构成三条罗纹档外，还在地部以纬向绕圈状构成嵌地菱形线条图案，花纹素洁大方。编结纹罗系古代手艺高超的编织品。

绞罗织物是一种极为轻薄且透孔的织物，其外表稀疏、有孔隙，并有皱感。通过地经和绞经这两种经线的互相扭绞，经线和纬线之间的平纹交替，在织物表面呈现出这种透孔的条形孔路。该孔路孔眼疏朗、稳定，丝线在其中很难产生滑移。

纱罗类织物都具有轻薄透亮的效果，但是纱织物和罗织物的基本组织不相同。其中纱织物构成纱孔的经纬线不相绞，导致经纬线会滑动，影响纱织物的品质和外观。也因为构成纱孔的经纬线不相绞，所以纱织物的工艺相对简单，便于生产。罗织物在织机上主要依靠绞综（半综）变化产生的开口次序和织造工艺不同，形成不同的效果。罗织物需经纬相绞来织造，其特点是网孔均匀，经纬绞合紧密，不会滑动，因此在品质和外观上就有比较明显的优势，在各个历史时期得到广泛的应用和生产。但是罗织物经纬相绞的工艺相对复杂。目前用手织机织造罗织物，特别是四经绞罗的织造技艺已经失传。虽然有很多学者研究纱罗类织物，但对四经绞罗工艺发掘却没有什么进展，无法恢复当时的织造技艺，大量精美绝伦的罗织物无法重现，成了科研、教学、文物保护的短板。四经绞罗作为罗织物的代表，如何织造成为从事传统纺织研究工作者的心结，阻碍了研究工作者对传统丝织的探究，更使传统丝织工艺的体系无法完整。

四经绞罗虽然被复原，但因技术人员、制作材料及工具的限制，产量稀少，再加上工艺的繁复，境况不容乐观。即使在这种情况下，周老师也依然坚守初心，"一辈子做一件事，一件事做一辈子"。也正是这股韧性与执着，帮助他又成功地做了一件大事——完美复刻出马王堆出土的"素纱襌衣"（图7-20）。

图7-20　素纱襌衣

1972年，素纱襌衣于湖南省长沙市马王堆汉墓发掘出土，由蚕桑丝平纹交织而成，全衣重量仅48g，代表西汉时期纺织技术的巅峰。周家明说，复刻它（素纱禅衣）是下了功夫的。马王堆的素纱禅衣经纬线十分特殊，都是62根，且细度为10D（旦尼尔，丝线细度单位，数值越大线越粗），现在丝绸所用真丝普遍是22D，如何保证线不断且顺利织造就是首要难题。为求完美，周老师特地从专业的养蚕人手中购买了5斤三眠蚕，日日夜夜地刻苦钻研，最终再现素纱禅衣的同时更实现了"质"的飞跃——复刻品比真品还要轻3g，真可谓"举之若无，真若烟雾"。

第七节　传承人专访

一、四经绞罗织造过程有什么特点？

周家明：首先，布1cm是多少经线要定下来，然后机器要自己装造，64根的织机不能做80根经密的东西。我们是一步步来的，64根的能成了，等于说这个关口已经过了，这个织机要全部拆掉再重新装造一次，再做80根的。80根的做下来，做了一年，成功了，如果再想做90根的，就要重新弄一台90根的织机。做100根的话，90根的机器就不能用了。机台不同，不通用。其他织锦也是，设计好的织机只能织造一种规格。

二、您是怎么接触四经绞罗的？

周家明：我们本来是农村的，苏州工业园区还没开发的时候，我们就是苏州城东郊区农村的一个种地的。因为我们祖上就有丝绸相关的传承，所以我们小时候看到的就是大人怎么样去弄丝绸，老太太怎么样整理，知道丝绸的几道工序，怎么样去弄丝。我最早是从缂丝做起，后来根据市场需求逐渐转向四经绞罗。

三、您在传承过程中遇到过什么难题？

周家明：我们遇到过很多难题，早期做日本和服腰带的时候是赚钱的，我们现在的四经绞罗是没有市场的，产量上不去。我们现在做100根/厘米的罗，如果天气不好的话，3厘米都做不了。顺利的话精细的四经绞罗一天做5厘米，不顺的话做3厘米，我们现在仓库里有80根/厘米的、90根/厘米的、100根/厘米的罗，1年就做1卷，只能做几米。四经绞罗经线不是直的，不像宋锦、云锦。这和天气有关，丝绸织造要有一定湿度，丝很细，跟头发一样，可能比头发还细，湿度高有韧性，不容易断，干燥会产生静电，毛躁，丝都粘在一起，一碰就断。行业内的人好多都对四经绞罗不太了解，复刻素纱禅衣的时候，不是我们直接接触的，是云锦研究所去谈，他们也尝试过四经绞罗，还申请过专利，但是他们没研究出来，这样的品质他们做不出来。后来他们让我们来做，当时我也做不到这样精细的程度，我没有把握。最早的要求是每厘米 23 根纬线，经纬是死的，机上已调好。我说可能达不到，我搞了这么多年，心里有数，22 根 / 厘米没问题。22 根 / 厘米做出来给他们，他们说我们机上是每厘米 22 根，但是下机后可能每厘米达到 23 ~ 24 根，他们后来的要求是让我加1 根纬线，每厘米里面加一束纬线进去，我加进去，他们满意了。这个东西很珍贵，现在做过最多的是 100 根 / 厘米。比如说纬线我们机上做 22 根 / 厘米，没有支撑后可能是 25 根 / 厘米。四经绞罗张力非常大，我们织的时候要有支撑，放下来的时候会收缩。

四、四经绞罗的受众群体有哪些？目前有人订制吗？

周家明：四经绞罗现在几乎没人订制，主要依靠宋锦的发展。四经绞罗其实是入选非遗项目之后大家才知道的，古代的绫罗，其中的罗就是四经绞罗，而不是我们现在看到的做衣服的二经绞罗。

五、您觉得四经绞罗如今的传承情况怎么样？

周家明：我们现在做四经绞罗的这群阿姨都跟我同龄，六十多岁了，年纪普遍偏大。学生经常有来的，每年暑假都会有研究生来，学学四经绞罗、学学宋锦，从2016 年开始接收，到现在一直有，寒暑假或者平时来上机学习，但是留下来的几乎没有，我很欢迎大家来我们这里学习。

六、政府给您提供过什么帮助吗？

周家明：地方街道办早期扶持，那时候日本订单不做了，国内市场没有接上，快要进行不下去了，我寻求了政府帮忙，免了几年房租。现在我们归苏州市非遗办管理，他们非常重视我们，把我们放到了濒危非遗的行列，申请资金优先、最高，但也不是每年都有资金支持。

七、可以介绍一下传承至今您最满意的作品吗？

周家明：最高端的四经绞罗作品我做了两件，一件是给湖南省出土的马王堆四经绞罗朱红色四面袍做衣料，另一件是给杭州的中国丝绸博物馆复制了一批战国时期的四经绞罗的衣料，来源是荆州博物馆的藏品，这里面有一件龙虎纹袖，衣服底料就是四经绞罗。

第八节　传承现状与对策

一、传承现状

（一）织造成本较高

四经绞罗以蚕丝为原料，复杂的生产工序有30余道，纯手工织造。特别关键的一环是穿综，需要将经线交叉后穿过综眼，过程极为精细，而这种技艺20多年来仍只有周家明一人可完成，别人无法替代。经密的大小直接影响开口的清晰度与经线的摩擦程度，经密越大，绞综与经线、绞经与地经之间的摩擦就越剧烈。绞综容易互相缠绕，每绞一次，都要用手指整理清楚，大大影响了织造的速度，一个熟练织工每天也只能织造5厘米，织完一匹罗往往需要6个月的时间，极为缓慢。

（二）发展前景堪忧

四经绞罗因为工艺复杂，而且必须纯手工操作，所以产出效率很低，价格也很高。同样是宋锦，1米长的四经绞罗手工织物，价格在1300～1500元，而普通织物只卖四五十元。周家明介绍，他们的产品主要销往日本，用来制作和服面料和腰带等。在国内，除了苏州丝绸博物馆和中国丝绸档案馆有一些展览和收藏需求的订单，以及西藏地区部分寺庙里有装裱唐卡的需求外，几乎没有其他销路。"我们想过将布料的用途做一些改变，但缺乏设计人才。也有一些服装行业的设计师曾经主动提出要与我们合作，但大多只是参观一下手工生产作坊，找一些设计灵感，顶多买一些布料回去，镶嵌在设计的服装上。"周家明对此非常苦恼。周家明也想过为自家织的布做广告，但小规模的作坊式运作使他没有宣传的余力和经济实力。"别提广告了，我们连基本的宣传资料都没有。"为了提高四经绞罗织造工艺，提升自己的织造技艺，周家明花了很大的力气。到2022年为止，周家明做到了1厘米排100根经线这样的技术水平，这和日本的和服衣料、腰带不是一个水平，因为它的原材料非常细，一拉就断。四经绞罗本身就不适合做衣服，价格较高，它针对的受众群体是博物馆之类的，到市场上去销售、做衣服几乎不可能。

虽然周家明匠心传承，复原了千年汉罗，但由于手工织造四经绞罗成本高，速度慢，人力、资金消耗大，四经绞罗的生产销售境遇越发艰难。四经绞罗组织结构复杂，必须使用手工织造，即使在改进了织机之后，每天最快也只能织造5～10厘米。织造坊目前只能靠织造宋锦、妆花锦等其他丝织品和复制博物馆藏品的收入来维持四经绞罗的研究。由于外需市场的缩小，销售情况不容乐观。为了打开市场，周家明也曾尝试开发工艺品，把四经绞罗织成艺术字装裱，制作成罗扇等装饰品，但因产品价格高、色彩低调，大众认知度低，懂行的人又很少，四经绞罗的创新产品最终没有走向市场。

近年来，苏州丝绸交易市场上出现了种类繁多的罗织物，从素罗到花罗，再到与其他织物的组合，因其雅致的纹样、轻薄柔软的手感以及低调的奢华，而成为高级成衣加工与定制最受欢迎的丝绸面料，在市场经济效益的驱动下，罗面料的开发炙手可热。可是，一拥而出、充盈着市场的各种品类的罗织物，品质良莠不齐，许多四经绞罗的产品更是冒名顶替的机织仿制品，令周家明难以理解与接受。

二、传承对策

（一）提高知名度

通过社交媒体、短视频平台分享非遗故事、技艺和作品，借助新媒体技术，增加曝光度和影响力，向年轻人展示四经绞罗的魅力，吸引年轻人加入。

鼓励年轻设计师以现代化的方式重新诠释非遗元素，创造出融合传统与现代的产品，鼓励艺术家、设计师与非遗传承人合作，以四经绞罗为面料创作作品。此外，可以寻求品牌合作，寻找与非遗项目有相似价值观和目标的现代品牌，共同挖掘非遗项目背后的故事和文化内涵，用品牌传播渠道进行推广，将非遗元素融入产品设计，通过开发联名产品、限量版、合作展览等方式进行合作，吸引消费者注意。

可以在学校设立相关课程，激发年轻一代对四经绞罗的兴趣，同时普及四经绞罗织造工艺的相关知识与技能。举办非遗文化节、展览、讲座等活动，增加年轻人对非遗文化的了解。

（二）完善产业链

将四经绞罗产业化，可以通过发展相关的原材料部门、创意设计部门以及营销部门来建立一个完整的产业链，让四经绞罗有自己的商业营销渠道，并不断改进宣传方式来积极开拓市场。与上下游相关企业建立紧密的合作伙伴关系，共同推动产业链的完善；推动产业融合，与非遗相关产业进行融合发展，如旅游、文化创意产业等，拓展产业链；培养和吸引优秀的人才，提高整个产业链的技术水平和管理水平，推动四经绞罗产业链的协同发展。

（三）建立纺织生态圈

打造非遗文化产业基地，建立苏州蚕桑文化和风土人情生态园，借助苏州纺织类非遗技术优势，实现罗织物生态圈集群化建设，实现资源互补，解决传统丝织类企业规模小、资金少、技术开发能力弱等问题。构建纺织类非遗生态圈要将非遗技艺的传承创新与先进产业链生态构建相结合，加强传统技艺、时尚设计、先进制造、现代管理、人才培养的融合；要将纺织类非遗传承创新与乡村振兴战略相结合，加强传统文化、区域优势、特色经济的融合；要将非遗技艺传承创新与文化传承创新相结合，在坚守非遗元素本质和内涵的基础上，融入现代生活，表达当代思想。建设非遗产业生态，培育有发展潜力的手工坊、合作社，建立非遗特色产业集聚区或特色小镇，培育和引进产业带头人、运营人才。此外，形成安居乐业生态，加强基础设施建设，引导非遗产业链向乡村转移，带动群众传承非遗技艺。维系乡土文化生态，以新品牌重塑艺术感召力，以新消费重塑市场感召力，以新科技重塑场景感召力。以此实现共同富裕，激活乡村非遗事业的内生动力。

（四）政府部门推动非遗传承

非遗传承是一项非常重要的工作，政府可以从以下几个方面来推动非遗传承。

（1）制定法规政策。法规政策体现了政府对非遗保护和传承的重视以及对社会文化发展的引导，体现了国家的政策导向。政府可以制定相关的法规和政策，保护和传承非遗项目，例如设立非遗保护专项资金、提供税收优惠等。同时鼓励社会各界参与非遗保护和传承，促进非遗经济与其他产业的融合发展。

（2）教育推广。将非遗纳入学校教育体系，培养青少年对非遗的兴趣和认识；举办非遗展览、讲座等活动，提高公众对非遗的认知度。通过教育宣传，让更多人了解非遗政策和非遗项目重要性，提高群众参与意识，鼓励群众积极参与四经绞罗保护与传承，让群众有机会自愿参与非遗保护和传承。

（3）支持传承人。为非遗传承人提供资金、技术、培训等支持，帮助传承人开展传承工作，鼓励他们传承技艺，保障传承人合法权益。为传承人提供展示和推广的平台，如举办非遗展览、演出等活动，提高他们的知名度和社会影响力。此外，还可以设立非遗传承人荣誉制度，提高他们的社会地位，让公众对传承人有更多的认识和尊重。

（4）发展产业。通过发展非遗相关产业，促进非遗的传承和创新，例如开发非遗旅游产品、举办非遗文化节等。

（5）研究与记录。开展非遗的研究和记录工作，建立非遗数据库，为非遗的保护和传承提供科学依据。建立有效的非遗评估机制，及时监测非遗传承情况，拯救四经绞罗等濒危非物质文化遗产。

参考文献

［1］何天瑞.论扬州刺绣的仿绘画针法［J］.美术教育研究，2022（10）：58-59.

［2］严加平，李卉，卫芳，等.扬州写意绣的制作工艺及相关问题研究［J］.现代丝绸科学与技术，2019，34（4）：26-29.

［3］葛禄雅，韦欣.地域文化背景下的扬州旅游品牌发展研究［J］.文化产业，2019（14）：1-2.

［4］王笙渐，李成.同源与异构：扬州和苏州刺绣艺术特色之比较［J］.丝绸，2019，56（2）：71-76.

［5］管世俊.锦绣人生：吴晓平和她的扬绣艺术［J］.中国艺术时空，2018（4）：19-23.

［6］赵芳.依附与独立的文化向度［D］.扬州：扬州大学，2018.

［7］李建亮.论苏州缂丝的艺术特色［D］.苏州：苏州大学，2007.

［8］于颖.宋代缂丝工艺考辨：兼论馆藏《莲塘乳鸭图》缂丝画工艺特征［J］.南方文物，2021（9）：2-3.

［9］朴文英.缂丝的起源与传播［J］.辽宁省博物馆馆刊，2008（14）：1-2.

［10］孙诗晴.非遗文化在现代女装设计中的应用：以宋代缂丝工艺为例［J］.西部皮革，2024，46（8）：102-104.

［11］杜文颉，刘蓓蓓，刘新月.缂丝在包装设计中的运用［J］.绿色包装，2024（5）：90-93.

［12］张蕾，华敏.非遗项目"仿真绣"传承发展与高职教育融合的实践［J］.南通职业大学学报，2013，27（1）：35-37.

［13］张怡怡.仿真绣的发展特点与工艺手法浅析［J］.辽宁丝绸，2017（3）：18-20.

［14］陈楚桥，张燕.非物质文化遗产传承与发展的对策研究：以复州皮影戏为例［J］.今传媒，2016，24（2）：146-147.

［15］张蕾.一庄非遗空间｜带你走进南通女工传习馆.2023-06-02. https：//mp.weixin.qq.com/s/Iy7khCmIV98UbW6rmE8f4Q.

［16］张蕾.个人作品赏析［M］.上海：上海人民美术出版社，2018.

［17］杨莉.楚风汉韵　匠石运金：徐州非遗异彩纷呈［J］.文化月刊，2024（1）：38-40.

［18］孙亚云，孙亚峰，车沛彤.将审美趣味培养融入高职院校劳动教育的思考与探索：以"徐州香包"课程为例［J］.中国职业技术教育，2023（29）：76-82.

［19］岳子煊.数字化背景下非物质文化遗产的保护与利用：以徐州马庄香包为例［J］.文物鉴定与鉴赏，2023（18）：30-33.

［20］岳子煊.非物质文化遗产"徐州香包"的工艺赏析及其活态化传承［J］.收藏与投资，2023，14（9）：182-184.

［21］蒋友财，邹雪.文旅融合背景下非物质文化遗产传承创新实践方法［J］.当代旅游，2020，18（11）：18-19.

［22］张莉.简述乱针绣工艺［J］.名家名作，2019（8）：156.

［23］方雪明.论常州非遗乱针绣在当代的传承与创新［J］.天工，2019（5）：64.

［24］中国非物质文化遗产网.中国非物质文化遗产数字博物馆［OL］. http：//www.ihchina.cn/.

［25］季嘉琦，田晓冬.当代语境下传统手工地毯的传承与发展研究：以如皋丝毯为例［J］.美术教育研究，2020（13）：32-33.

［26］朱轩樱.吴罗（四经绞罗）织造技艺的传承探究［J］.天工，2022（29）：51-53.

［27］张迪，乐山.机械时代传统工艺的消解与再生：以苏州四经绞罗织造技艺为例［J］.艺术生活－福州大学学报（艺术版），2020（1）：20-28.

江苏省纺织类经典非物质文化遗产